W
V

Doris Tillmann

„Früh aufstehen, arbeiten und sparen"

Landfrauenleben in Schleswig-Holstein am Anfang des 20. Jahrhunderts

Westholsteinische Verlagsanstalt Boyens & Co.

ISBN 3-8042-0798-7

Gestaltung Günter Pump.
Herstellung: Westholsteinische Verlagsanstalt und Verlagsdruckerei
Boyens GmbH & Co. KG
Printed in Germany

Inhalt

Die Bäuerin und ihre Arbeit in vorindustrieller Zeit

Die Arbeit im landwirtschaftlichen Familienbetrieb ist wie kein anderer Beruf geprägt durch die Aufgliederung der Aufgabenbereiche in spezifisch weibliche oder männliche Tätigkeitsfelder. Die Bäuerin versorgt die Innen- oder Hauswirtschaft, der Bauer die Außenwirtschaft, also Ackerbau und Viehzucht. Die Berufe von Bäuerin und Bauer sind grundverschieden, sie umfassen verschiedene Arbeitsbereiche, sie benötigen ein jeweils eigenes Fachwissen, und sie beruhen auf unterschiedlichen Ausbildungen. Trotzdem sind sie voneinander abhängig und ergänzen einander. Auf dem Hof müssen Mann und Frau Hand in Hand arbeiten, beide müssen ihr Fach verstehen, damit die Wirtschaft funktioniert. Das gilt auf dem traditionellen Bauernhof ebenso wie im modernen Agrarbetrieb. Erst die allerjüngsten Entwicklungen in der Landwirtschaft – der Strukturwandel und die schwindende Rentabilität bäuerlicher Betriebe – scheinen diese besondere Form der Arbeitsorganisation zwischen Männern und Frauen auf den Höfen in Frage zu stellen.
Die Aufgabenteilung zwischen Bauer und Bäuerin hat ihre Wurzeln in vorindustrieller Zeit, als die landwirtschaftliche Arbeit noch weitgehend der Selbstversorgung der eigenen Familie diente. Die lange Epoche traditioneller Hofwirtschaft reicht von der Mitte des 19. Jahrhunderts zurück bis in die frühe Neuzeit oder gar ins Mittelalter. Sie ist in keiner Weise als statischer, entwicklungsloser Zeitraum zu betrachten. Auch in dieser Zeit hat es immer wieder Neuerungen und Veränderungen gegeben, wenn auch verhältnismäßig langsam. Nur weil der Fortschritt der Industriezeit so revolutionär und umfassend war, erscheinen uns die davor liegenden Zeiträume eher gleichbleibend und eintönig. Dies gilt um so mehr für die ländliche Lebenswelt, die fernab aller innovativen Einflüsse zu liegen scheint. Es gab jedoch immer Regionen, die an regem Handel beteiligt waren und Zugang zu Fortschritt und Neuerungen hatten, ebenso wie auch besonders abgelegene und hinterweltlerische Gegenden. Wenn im folgenden von der vorindustriellen, traditionellen Bauernwirtschaft die Rede ist, so handelt es sich hierbei um modellhafte Betrachtungen, die weitverbreitete Muster bäuerlicher

Das Leben auf dem Land war meist kärglich. Die Arbeit für die Familie prägte den Alltag der Frauen von ihrer Kindheit bis ins hohe Alter.

Arbeitsteilung aufzeigen sollen. Sie beziehen sich auf einen Zeitraum, in dem industriezeitliche Techniken und Wirtschaftsweisen in der Landwirtschaft noch nicht angewendet wurden. Exakte historische Einordnungen werden dabei bewußt vermieden. Teile der vorindustriellen Arbeitsweisen blieben nämlich noch bis weit ins 20. Jahrhundert hinein erhalten oder wurden während des Krieges oder landwirtschaftlicher Krisenzeiten immer wieder reaktiviert. Der Übergang von einer traditionell-vorindustriellen Arbeitsweise zu modernen agrarwirtschaftlichen Techniken war überall fließend und abhängig von der wirtschaftlichen Situation der Bauern, aber auch von ihrer inneren Einstellung zum Fortschritt. Hier ist anzumerken, daß bei der bäuerlichen Bevölkerung keineswegs besonders konservative Haltungen zu finden waren. Technische Neuerungen waren immer und überall begehrt.

Die traditionelle Bauernwirtschaft, von der jetzt die Rede sein soll, beruhte auf dem Prinzip der „Eigenwirtschaft". Was auf dem Hof erzeugt wurde, wurde dort auch in der eigenen Familie verbraucht, nur einige Überschüsse verkauften die Bauern oder Bäuerinnen auf dem Markt. Auf den Höfen war nur wenig Geld vorhanden und nur selten konnten käufliche Waren erworben werden. Daher war die häusliche Eigenproduktion auf dem Land besonders umfangreich. Sie wurde im Rahmen einer rationellen Arbeitsteilung bewerkstelligt, bei der die Frauen die ans Haus gebundenen Tätigkeiten übernahmen.

Im Haushalt verarbeitete die Bäuerin mit ihren Töchtern und Mägden, was Ackerbau und Viehzucht an Rohprodukten lieferten, hauptsächlich Lebensmittel und Textilien, aber auch kleinere Gerätschaften und Gebrauchsgüter. Die Frauen versorgten das Geflügel, das Kleinvieh und die Kälber, sie verrichteten die Gartenarbeit und waren außerdem an bestimmten Feldarbeiten beteiligt, wie etwa bei der Getreideernte. Auf großbäuerlichen Höfen übernahm die Bäuerin vielfältige organisatorische Aufgaben, sie leitete das Gesinde an und beaufsichtigte die Arbeit im Haus. In den kleineren Bauernwirtschaften wurde die Arbeitsteilung weniger streng gehandhabt, hier mußten die Bäuerin oder ihre Töchter oft den Knecht ersetzen und in der Außenwirtschaft kräftig mit anpacken. Umgekehrt betätigte sich der Bauer allerdings nicht in der Hauswirtschaft.

Die Herstellung und die Haltbarmachung von Lebensmitteln gehörten zu den wichtigsten Aufgaben der Frauen. Sie übernahmen damit die Verantwortung für die Ernährung der Familie, die auf einem traditionellen Bauernhof auch das Gesinde und andere Arbeitskräfte mit einschloß. Die Bäuerin besorgte daher selbst die Küchenarbeit, während die Mädchen die weniger angesehenen Aufgaben auf dem Hof und im Stall verrichteten. Der Platz der Hausfrau war am Herdfeuer auf der offenen Diele des Fachhallenhauses, deren Kopfende gleichzeitig die Küche bildete. Diese in Schleswig-Holstein sehr weit verbreitete Hausform ermöglichte es der Bäuerin, vom Herdplatz aus alles Treiben auf der Diele zu beobachten und zu beaufsichtigten. Andere Bauernhäuser dagegen verfügten schon in vorindustrieller Zeit über separate Küchen. Im 19. Jahrhundert wurde auch in den Fachhallenhäusern die räumliche Trennung von Küche und Wirtschaftstrakt vollzogen.
Gekocht wurde auf offenem Feuer, das die Hausfrau ständig mit Holz oder Torf in Gang hielt. So gering die Vielfalt an Lebensmitteln auf den Höfen war, so eintönig war auch der bäuerliche Speiseplan. Meist gab es nahrhafte Grützen, Milchsuppen, Bratkartoffeln oder gekochte Hülsenfrüchte. Frisches Gemüse kam fast nie auf den Tisch, und Fleisch gab es überwiegend nur in konservierter Form, meist als Speckfett oder Wurst. Die bäuerliche Küchenausstattung hätte eine aufwendigere Speisenzubereitung auch kaum zugelassen. An Kochgeschirr dienten zumeist nur ein großer eiserner Grapen, der an einer Kette über dem Feuer hing, und einige kleinere irdene Töpfe und Bratpfannen, die auf einen Dreifuß über die Glut gestellt wurden. Das Eßgeschirr der Bauernfamilie beschränkte sich im Alltag oft auf die hölzernen Löffel, mit denen die Mitglieder der Tischgesellschaft gemeinsam in die Pfanne oder die Schüssel langten. Aufwendigere Tischsitten oder größere Reinlichkeit in der Küche waren kaum möglich, da alles Wasser zum Putzen vom Brunnen oder Teich geholt und über dem Feuer erwärmt werden mußte. Zudem waren Herd und Küchenwände von einer hartnäckigen Ruß- und Teerschicht überzogen, die jegliche Sauberkeit oder gar Hygiene in der Küche verhinderte. Ordnung dagegen gehörte auch in vorindustrieller Zeit schon zu den wichtigsten Tugenden der ländlichen Hausfrau.
Neben der Zubereitung der täglichen Mahlzeiten umfaßte die tradi-

In den in Schleswig-Holstein weit verbreiteten Fachhallenhäusern gab es keine separaten Küchenräume. Der Herd befand sich am Ende der Diele, dem Hauptarbeits- und Aufenthaltsort der bäuerlichen Familie. Katen, die wie diese von zwei Familien bewohnt wurden, hatten zwei Feuerstellen. Sie bildeten im Winter die einzige Wärmequelle des Hauses.

tionelle Küchenarbeit der Bauersfrau die Konservierung von Lebensmitteln. Gemüse, von dem nur wenige haltbare Sorten angebaut wurden, hielt man entweder in Mieten frisch, oder es wurde eingesalzen, gesäuert oder getrocknet in Töpfen und Kruken für den Winter aufbewahrt. Für den Fleisch- und Fettbedarf mästeten die Bäuerinnen meist ein oder zwei Schweine, die im Winter geschlachtet und zu Wurst und Speck verarbeitet wurden. Rindfleisch kam selten und nur in den großbäuerlichen Familien auf den Tisch. Milch- und Milchprodukte waren dagegen fester Bestandteil des bäuerlichen Speiseplanes, und es gehörte zu den wichtigsten Fertigkeiten der Hausfrau, Käse und Butter herzustellen. Ebenso backte sie regelmäßig, etwa alle vier Wochen, das Brot für die Familie, und zwar ein haltbares Roggenbrot. Auch Bier wurde auf vielen Höfen selbst gebraut. Einige Hühner, die sich in Hof und Diele ihr Futter suchten, lieferten der Bäuerin Eier und Fleisch. Zeitweilig konnte sie durch den Verkauf der Eier ebenso wie von Butter und Käse ein wenig „Haushaltsgeld" verdienen. Trotzdem widmete sie der Geflügelhaltung und auch dem Gartenbau nur wenig Aufmerksamkeit. Zu groß war ihre Belastung durch die anderen Hofarbeiten und zu zeitraubend waren die hauswirtschaftlichen Techniken der Verarbeitung und Konservierung. So war der bäuerliche Garten in vorindustrieller Zeit meist nur ein kleiner Kohlgarten, in dem kaum andere Gemüsesorten angebaut wurden.

Eine der aufwendigsten Arbeiten im traditionellen Bauernhaushalt war die Herstellung der Textilien. Vom Anbau des Flachses bis hin zum Nähen der Wäsche lag die Textilproduktion in den Händen der Bäuerin und ihrer Töchter und Mägde. Es bedurfte vieler oft gemeinsam verrichteter Arbeitsgänge, etwa das Dörren, Brechen, Hecheln und Schwingen, bis der Flachs zu Leinengarn versponnen werden konnte. Leinen und Wolle wurden bis ins 19. Jahrhundert hinein im Bauernhaus zu Tuchen gewebt, die wiederum zu Kleidung und Wäsche verarbeitet wurden. Weil diese Tätigkeiten so aufwendig waren, hatten die „eigengemachten" Textilien für die Frauen einen hohen Prestigewert. Leinengefüllte Schränke waren der Stolz jeder Bäuerin, die Wäsche in der Aussteuertruhe zeugte von Fleiß und Tüchtigkeit jeder Braut.

Ebenso schwierig wie die Herstellung war auch die Pflege der Wäsche. Das Waschen war vor allem eine körperlich anstrengende

Die Küchenarbeit am offenen Feuer war schwierig und erlaubte oft nur die Zubereitung einfacher Speisen. Der Herd war mit einer schmierigen Teer- und Rußschicht überzogen, die jeden Ansatz von Sauberkeit und Hygiene in der Küche unmöglich machte. Qualm und Rauch verursachten bei den Frauen oft Augenentzündungen und Atemwegserkrankungen.

Arbeit, denn das nasse Leinen war schwer zu handhaben. Meist wurde am Teich oder Bach gewaschen, wobei die Wäsche mit dem hölzernen Bükbrett so lange geschlagen wurde, bis sich der Schmutz löste. Waschbalje und Riffelblech waren industriezeitliche Neuerungen, die erst am Ende des 19. Jahrhunderts eingeführt wurden. Auch mußte die Seife selbst gekocht werden ebenso wie die Wäschestärke, die aus Kartoffelmehl gewonnen wurde.
Neben den Textilien stellten die Frauen auf den Höfen noch viele andere Dinge des häuslichen Inventars selbst her, sie gossen Kerzen und Talglichter, sie flochten Körbe und sie füllten die Betten mit Federn. Der Pflege der Wohnung konnten sie dabei nur wenig Zeit opfern. Oft gab es im traditionellen Bauernhaus auch nur eine oder zwei Stuben. Sie waren ausgestattet mit wandfesten Möbeln, zum Beispiel Bänken oder Alkovenbetten, deren Schmuck allein in ihrer Bemalung lag. Nippes und Zierrat waren in den Bauernhäusern vorindustrieller Zeit kaum zu finden. Das Putzen solcher Wohnungen beschränkte sich daher meist auf das Fegen. Gepflasterte Dielen im Küchenbereich wurde einmal in der Woche mit Sand abgestreut.
Viel Arbeit für die Frauen gab es im Stall. Je nach Hofgröße und Gesindezahl verrichtete die Bäuerin hier verschiedene Tätigkeiten. Sie versorgte das Kleinvieh, die Schweine und die Kälber, melkte die Kühe und mußte, wenn kein Knecht auf dem Hof war, oft auch füttern und ausmisten. Die Zahl des Milchviehs war bis weit ins 19. Jahrhundert hinein meist gering, nur bei sehr reichen Bauernwirtschaften fanden sich im Stall zehn oder mehr Kühe. Auf den Gütern allerdings war die Viehhaltung umfangreicher. Sie wurde dort auf separaten Meierhöfen oder sogenannten Holländereien betrieben, wo auch die Verarbeitung der Milch vorgenommen wurde. Die bäuerliche Milchwirtschaft war wesentlich unprofessioneller.
Auf kleineren Bauernstellen war es durchaus üblich, daß die Frauen viele Arbeiten übernahmen, die bei den Großbauern selbstverständlich nur von Männern getan wurden. Dies galt auch für die Feldarbeit. Üblicherweise war der Ackerbau eine Domäne der Männer. Nur saisonweise wurden bestimmte Tätigkeiten von Frauen ausgeführt, etwa das Harken des Heus oder das Packen auf dem Erntewagen und das Binden der Getreidegarben. Bei der Kornernte bildeten Schnitter und Binderin eine Arbeitseinheit. Sie

Zur bäuerlichen Hausarbeit vorindustrieller Zeit gehörte auch die Fertigung von Gerätschaften und Hausinventar, wie etwa das Herstellen von Federbetten. Hierfür wurden nur die feinen Daunen von Enten und Gänsen verwendet. Das Rupfen war eine mühsame Arbeit.

gehörten meist dem Gesindestand an. Auch beim Hackfruchtbau, der sich im 18. und 19. Jahrhundert immer mehr durchsetzte, verrichteten die Frauen sehr wesentliche Feldarbeiten. Sie legten die Saatkartoffeln in die Furchen, häufelten sie an, hackten Unkraut und lasen die reifen Knollen aus der Erde.
Nicht nur die Vielzahl der Arbeiten, deren Liste hier abgebrochen werden soll, war für die Frauen sehr belastend, sondern auch die körperliche Anstrengung, die sie erforderten. Alle Tätigkeiten wurden von Hand verrichtet oder mit Hilfe schwerer hölzerner oder eiserner Gerätschaften. So hatten allein die eisernen Grapen, die als Kochtöpfe über dem Feuer hingen, ein Eigengewicht von mehreren Kilo. Auch die bäuerliche Textilherstellung vorindustrieller Zeit war keineswegs eine beschauliche Beschäftigung, sondern harte Knochenarbeit, denn die Geräte zur Flachsbearbeitung waren schwer und unhandlich. Zudem mußten die Frauen große Traglasten bewältigen, etwa beim Wasserholen oder beim Transport der Melkeimer vom Feld. Ungesund war auch die ständige Arbeit am offenen Feuer, der Rauch verursachte Augenentzündungen und Atemwegserkrankungen.
Zu all diesen arbeitsbedingten Belastungen der Frauen kamen die oft kärglichen Lebensbedingungen auf dem Land. Selbst auf den wohlhabenden Höfen blieb der Lebensstil einfach. Die Wohnhäuser ließen sich nur schlecht beheizen, und so waren sie ständig klamm, dunkel und verqualmt. Durch fehlende Hygiene und eine unzureichende medizinische Versorgung wurden auftretende Erkrankungen schnell lebensbedrohlich. Die Lebenserwartung der Landbevölkerung blieb bis ins 19. Jahrhundert hinein gering, insbesondere die der Frauen, deren Widerstandskräfte durch häufige Schwangerschaften geschwächt waren. Oft starben sie unter einer schweren Geburt oder im Kindbett. Auch die Kindersterblichkeit war hoch, und diese Tatsachen prägten die emotionalen Bindungen innerhalb der Familien: Die zwischenmenschlichen Beziehungen waren weitgehend von wirtschaftlichem und sozialem Pragmatismus geprägt, das galt zwischen Eheleuten ebenso wie zwischen Eltern und Kindern. Der Erziehung der Kinder wurde im übrigen wenig Aufmerksamkeit gewidmet, sie waren von klein auf eingebunden in den bäuerlichen Arbeitsalltag.
Die Familie bildete eine Wirtschaftseinheit, zu der nicht nur die ver-

Neben der Hausarbeit verrichteten die Frauen auch bestimmte Tätigkeiten auf den Feldern. Bei der Getreideernte banden sie die Garben zusammen und setzten sie in Hocken ab. Binderin und Schnitter bildeten eine feste Arbeitseinheit. Dieses Foto wurde um 1890 in Angeln aufgenommen.

Das Zusammenharken des Heus war Frauenaufgabe. Auf den Halligen banden sie das trockene Gras für den Transport zum Hof in großen Leinentüchern zusammen.

wandtschaftlichen Mitglieder gehörten, sondern auch das Gesinde zählte. Die gemeinsame Arbeit prägte ihren Tageslauf, aber auch ihr Denken und ihre Moral. So wurden an bestimmte Arbeiten Wertvorstellungen geknüpft und soziale Hierarchien an ihnen festgemacht. Zum Beispiel blieb das Kochen stets die vornehmste Tätigkeit einer Bäuerin, das Melken und die andere Stallarbeit jedoch niedrige Mägdearbeit, die sich nicht gegeneinander austauschen ließen. Auch die zwischen Mann und Frau festgelegte Arbeitsteilung diente nicht nur einer rationellen Wirtschaft, sondern sie war gleichzeitig Ausdruck von Geschlechterrollen und prägte die spezifisch weiblichen oder männlichen Identitäten.

Alles Wasser, was im Haushalt verwendet wurde, mußte vom Brunnen oder aus einem Teich geholt werden. Darum wurde mit Wasser sehr sparsam umgegangen. Das Wasserholen war eine typische Frauenarbeit und gehörte zu ihren körperlich anstrengendsten Tätigkeiten. Im 19. Jahrhundert ersetzten leichtere Blecheimer, wie hier im Bild, die traditionellen Holzgefäße, die wegen ihres hohen Eigengewichtes meist mit Hilfe eines Tragegestells, einer „Tracht", transportiert wurden.

Industriezeitliche Veränderungen der bäuerlichen Frauenarbeit

Mit dem Beginn der Industrialisierung wandelte sich die ländliche Lebenswelt und mit ihr allmählich auch die Arbeitsbedingungen der Frauen. Die agrartechnischen Neuerungen veränderten zuallererst nur die männlichen Arbeitsfelder, nämlich den Ackerbau und die Viehzucht. Durch den Einsatz von Düngemitteln, neuen Züchtungsmethoden oder modernen Ackerbaugeräten sowie durch die genossenschaftliche Wirtschaftsorganisation der Landwirte konnten seit Mitte des 19. Jahrhunderts die Erträge und damit die Einkünfte der Bauern gesteigert werden. Durch die ständig wachsende Bevölkerung in den Industriezentren war der Bedarf an Lebensmitteln enorm gestiegen, und die Landwirtschaft mußte die Versorgung der aufstrebenden Industrienation gewährleisten. Sie wandelte sich dabei zu einem marktorientierten Gewerbe und der Kreislauf der traditionellen bäuerlichen Eigenwirtschaft wurde immer mehr aufgebrochen. Statt für den familiären Eigenbedarf wurden auf den Höfen zunehmend für den Verkauf bestimmte Argrarerzeugnisse produziert. Der Verdienst der Bauern wuchs, und um die Jahrhundertwende erlangte man in den ländlichen Regionen Schleswig-Holsteins einen nie gekannten Wohlstand. Während dieser Gründerzeit wurden die Dörfer umfassend modernisiert. Die Infrastruktur wurde ausgebaut, Handwerk und Gewerbe florierten, und die Menschen paßten sich in ihrem ganzen Lebensstil der industriezeitlichen Welt an.
Während Ackerbau und Viehzucht auf den Bauernhöfen zu einträglichen Betriebszweigen wuchsen, verloren die hauswirtschaftlichen Tätigkeitsfelder der Frauen an wirtschaftlicher Bedeutung. Da die Bauern nun Geld verdienten, konnte auf viele Bereiche der mühsamen Eigenproduktion im Haushalt verzichtet werden. Dinge, die die Bäuerinnen und ihre Mägde in vorindustrieller Zeit für den Verbrauch in der eigenen Familie selbst hergestellt oder weiterverarbeitet hatten, wurden nun käuflich erworben.
Von dieser Entwicklung war zuerst die arbeitsaufwendige und langwierige Textilproduktion betroffen. Seit der Mitte des 19. Jahrhunderts wurde in Schleswig-Holstein die Hausweberei aufgegeben,

Die Industrialisierung der Landwirtschaft, die im 19. Jahrhundert einsetzte, ermöglichte den Bauern durch neue Landtechniken, durch verbesserte Saatgut- und Tierzucht sowie durch Dünge- und Pflanzenschutzmittel eine enorme Steigerung ihrer Erträge und Einkünfte. Sie machte dadurch die familiäre Selbstversorgung überflüssig und veränderte die Arbeit auf den Höfen. Maschinen übernahmen nun die traditionellen Ernteaufgaben der Frauen. Agrarromantische Illustration,wie auf dieser Postkarte von einer Landwirtschaftsausstellung, sollten die Schwere der hergebrachten Feldarbeit schnell vergessen machen.

und zwar zuerst in den wohlhabenden Landstrichen der Elbmarschen. Die Frauen spannen zwar noch immer selbst das Garn aus dem hofeigenen Flachs, brachten es aber zur Weiterverarbeitung zu handwerklichen Leinwebern, die sich um diese Zeit in großer Zahl auf dem Land ansiedelten. Für einen festgesetzten Lohn fertigten sie daraus Leinwand oder Wollstoffe. Ihr Gewerbe erlebte auf dem Land allerdings nur eine kurze Blüte, denn gegen Ende des Jahrhunderts kamen bei der bäuerlichen Bevölkerung feinere, industriegefertigte Baumwollstoffe in Mode, und die Landweber wurden wieder arbeitslos. Die Baumwolle aus den städtischen Fabriken, die in den dörflichen Hökereien angeboten wurden, lösten die hergebrachten Leinengewebe ebenso wie die traditionelle bäuerliche Kleidungsweise ab. Mit der Einführung der neuen Mode ging der Anbau von Flachs immer mehr zurück, und damit hörte auch das Garnspinnen auf den Höfen auf. Lediglich die anfallende Schafwolle

Die industriezeitlichen Veränderungen und der steigende Wohlstand auf dem Land machten viele Bereiche der Selbstversorgung im Haushalt überflüssig. Vor allem die mühsame Textilherstellung wurde aufgegeben. Das Spinnen von Flachs, ehedem eine verbindliche Feierabendbeschäftigung aller Frauen auf dem Land, wurde um die Jahrhundertwende nur noch von wenigen Alten gepflegt.

verspannen die Frauen – insbesondere in den nordfriesischen Küstenregionen – noch gelegendlich selbst. Das Spinnen, ehedem die obligatorische Feierabendbeschäftigung der Mädchen auf dem Land, wurde nur noch von einigen Alten gepflegt, die jungen Frauen widmeten sich lieber der feineren Handarbeit. Auch der Gesindelohn der Mägde, zu dem traditionell immer ein Anteil der Flachsernte gehört hatte, wurde um die Jahrhundertwende nur noch in barem Geld berechnet.

Ähnlich war auch die Entwicklung bei der Herstellung und Verarbeitung von Lebensmitteln: In vielen Bauernfamilien gab man das Brotbacken auf, weil das Anheizen des hofeigenen Backofens zu mühsam war. Die Frauen bereiteten nun nur noch den Teig vor und brachten die Brotlaibe zum Backen zu einem gewerblichen Bäcker in Lohn. Weißgebäck, wie Kuchen und Weizenbrot, wurde meist ganz fertig im Laden gekauft. Gegen Ende des 19. Jahrhunderts gab es bald in jedem Dorf eine oder auch mehrere Bäckereien. Die entlegenen Gehöfte belieferten die Bäcker sogar mit Pferdefuhrwerken mit frischen Backwaren.

Auch das Hausschlachten wurde um die Jahrhundertwende seltener, denn es erwies sich für die Bauern als rentabler, das schlachtreife Vieh zu verkaufen, als es im eigenen Haushalt zu verwerten. Nur einige Schweine und das Geflügel hielt man weiterhin für den Eigenbedarf. Wer jedoch Stallkapazitäten für eine kommerzielle Schweinemast besaß, der konnte mit dem Verkauf von Mastschweinen sehr viel Geld verdienen und auf das aufwendige Hausschlachten verzichten. Die Frauen deckten ihren Bedarf an Wurst und Fleisch in Schlachterläden, die sich ebenso zahlreich wie die Bäckereien in den Dörfern Schleswig-Holsteins ansiedelten.

Etwa zur gleichen Zeit wurde auch die Milchverarbeitung, eine klassische Domäne der Bäuerinnen, auf den meisten Höfen aufgegeben, denn die Milch konnte zu guten Preisen an die Meiereien geliefert werden. Das Genossenschaftswesen, das sich während nur weniger Jahre kurz vor 1900 umfassend etablierte, garantierte den Bauern regelmäßige, kalkulierbare Einnahmen, die weit höher veranschlagt wurden als der Eigenverbrauch an Milchprodukten in der Familie. Das Buttern und Käsen waren jedoch Arbeiten, die die Bäuerinnen nicht immer freiwillig aus den Händen gaben, denn der Verdienst durch den Verkauf ihrer überschüssigen Erzeugnisse war

Durch das Anwachsen der städtischen Bevölkerung und die Steigerung des Lebensmittelbedarfs entstanden im Umland der Ballungszentren viele Gemüsebaubetriebe. Gerade auf kleineren Höfen war der Anbau von Spezialkulturen lukrativ. Der handarbeitsintensive Gemüsebau, wie hier das Spargelstechen, beruhte auf einer engen Zusammenarbeit von Bauer und Bäuerin.

oft ihre wichtigste Einnahmequelle für den Haushalt. Doch über den Beitritt des Hofes zur Meiereigenossenschaft entschied meist der Bauer allein, und er bereinigte die Konflikte mit seiner Frau beispielsweise, indem er ihr aus seinen gestiegenen landwirtschaftlichen Einkünften ein gewisses Haushaltsgeld überließ. So blieb den Frauen von ihren ehemals umfassenden milchwirtschaftlichen Tätigkeiten nur noch die ungeliebte Melkarbeit. Mit der Aufgabe der Milchverarbeitung auf den Höfen verloren die Bäuerinnen nicht nur ihr einträglichstes Arbeitsfeld, sondern büßten auch an beruflicher Kompetenz ein, denn für die fachgerechte Milchverarbeitung mußten sie ehedem Kenntnisse, Geschick und Erfahrung aufweisen, die nun nicht mehr gefragt waren.

Die Abgabe der Milch an die Meierei hatte natürlich auch Folgen für die Ernährung der bäuerlichen Familie. Den Haushalten stand nun nicht mehr alle Vollmilch zum Eigenverbrauch zur Verfügung und die Landfrauen verwendeten statt dessen immer öfter käufliche Lebensmittel. Statt der traditionellen Milchsuppen und Grützen aß man nun mehr Brot, statt Milch wurde Kaffee getrunken und statt Butter wurde vielfach Margarine verwendet. Viele Nahrungsmittel, die in der bäuerlichen Küche ehedem unbekannt waren, wurden während des gründerzeitlichen Wirtschaftsbooms in den dörflichen Hökereien angeboten. In großer Zahl ließen sich Händler auf dem Land nieder, und auch in manchen Bauernfamilien oder in den Gastwirtschaften war der Kleinhandel ein einträglicher Nebenerwerb. Das Warensortiment auf den Dörfern war enorm groß, und so hatte die bäuerliche Hausfrau bald Zugang zu allen industriezeitlichen Neuerungen, die durch die guten Verdienste in der Landwirtschaft für sie erschwinglich wurden.

Obwohl die käuflichen Waren große Attraktivität besaßen, blieb ein maßgeblicher Teil der ländlichen Hausarbeit weiterhin der Selbstversorgung gewidmet, vor allem, weil immer noch eine umfangreiche Vorratshaltung gepflegt wurde und eine große Familie beköstigt werden mußte. Die grundlegenden Prinzipien der bäuerlichen Eigenproduktion waren um die Jahrhundertwende jedoch gebrochen. Statt auf die umfassende Herstellung der im Haushalt verwendeten Güter zu sehen, beschränkte man sich nun hauptsächlich auf die Weiterverarbeitung und Veredlung. Durch den Fortfall besonders mühsamer Tätigkeitsfelder der Eigenproduktion und

Im Bereich der Lebensmittelversorgung wurden vor allem das Brotbacken und das Schlachten auf den Höfen aufgegeben. Es war für die Bauernfamilie oft lukrativer, das schlachtreife Vieh beim Händler zu verkaufen, als es im eigenen Haushalt zu verwerten. Die bäuerliche Hausfrau kaufte dann das Fleisch für den Sonntagsbraten bie einer der vielen Schlachtereien, die sich um die Jahrhundertwende auf den Dörfern Schleswig-Holsteins ansiedelten.

durch den Einsatz industriezeitlicher Küchentechniken wurde vor allem eine Verfeinerung und eine Vergrößerung der Haus- und Küchenarbeit ermöglicht. Besonders in der Wohnungspflege wurde immer mehr Aufwand betrieben. Die Hausarbeit auf dem Land verlor dabei allmählich ihren produktiven Charakter, aus den Bäuerinnen wurden konsumorientiertere Hausfrauen, die an der landwirtschaftlichen Erzeugung und damit am Familienerwerb nur noch wenig beteiligt waren. Diese Entwicklung zeigte starke Parallelen zu

Der gründerzeitliche Wohlstand erlaubte es den Bäuerinnen, verschiedene Lebensmittel und Haushaltswaren in der Hökerei zu kaufen. Auf den Dörfern gab es etliche kleine Geschäfte mit einem umfangreichen Warenangebot, so daß auch der ländlichen Hausfrau bald alle industriezeitlichen Neuerungen zugänglich waren.

den Prozessen innerhalb der bürgerlich-städtischen Familien, wenn auch in weit schwächerer Form. Auch die Bäuerinnen, vor allem auf den wohlhabenden Höfen, nahmen mehr und mehr repräsentative Aufgaben wahr; ihre Töchter lernten die Landarbeit kaum noch kennen, sie widmeten sich allenfalls der Kochkunst und den feinen Handarbeiten. Dies hatte weitreichende Folgen für das Bewußtsein und das berufliche Selbstverständnis der jungen Frauen auf dem Land. Sie wandten sich zunehmend von der traditionell bäuerlichen Lebensweise ab.

Die bäuerliche Küche um 1900

Die Arbeitswelt der Bäuerinnen änderte sich nicht nur durch den Fortfall vieler traditioneller Tätigkeitsfelder am Ende des 19. Jahrhunderts sondern auch durch das Aufkommen neuer, industriezeitlicher Techniken in Küche und Wohnung. Dieser Wandel vollzog sich gleichzeitig mit der Einführung einer modernen, gründerzeitlichen Agrararchitektur, die in Schleswig-Holstein die traditionellen Bauernhausformen, insbesondere die Hallenhäuser, ablöste. Die gestiegenen Einkünfte in der Landwirtschaft ermöglichten eine umfassende Erneuerung des überkommenen, oft uralten Baubestandes, der der neuzeitlichen Wirtschaftsweise und den Bedürfnissen nach Wohnkomfort nicht mehr genügte. Die modernen Gebäude folgten einem vollkommen neuen Raumkonzept, das eine strikte Trennung von Wohn- und Wirtschaftsräumen vorsah. Sie hatten im Wohntrakt einen separaten Flur, mehrere Stuben und einen abgeschlossenen Küchenraum sowie eine oder mehrere Kammern. Sie besaßen hohe Räume mit großen Fenstern und vor allem Öfen und einen geschlossenen Küchenherd, dessen Rauch durch einen Schornstein abgeleitet wurde. Diese Neuerung war geradezu revolutionär, denn sie löste die Jahrtausende alte offene Feuerstelle und damit Qualm, Ruß und Teer in der Küche ab. Die Einführung geschlossener Herde seit der zweiten Hälfte des 19. Jahrhunderts schaffte die Grundvoraussetzung für eine moderne ländliche Hauswirtschaft, zu deren oberster Tugend die häusliche Reinlichkeit wurde.

Die neuen, sogenannten englischen Sparherde oder Kochmaschinen wurden vor allem aus Gründen der Brennstoffersparnis und des Feuerschutzes eingebaut, Gedanken an eine Arbeitserleichterung für die Hausfrau spielten bei ihrer Einführung kaum eine Rolle. Arbeitsersparnis in der Küche war jedoch eine willkommene Begleiterscheinung dieser Neuerung, die noch etliche weitere Innovationen in der Haushaltsausstattung nach sich zog. Die eisernen Herde waren Universalgeräte. Sie dienten zum Heizen, Kochen, Backen, Warmwasserspeichern und sogar zum Wäschetrocknen. Das Kochen auf einem solchen Gerät war wesentlich einfacher als auf dem offenen Feuer, da die Hitzezufuhr durch den Einsatz verschiedener Ringe und durch das Verschieben der Töpfe auf der Herdplatte reguliert werden konnte. So wurde eine größere Flexibilität und Genauigkeit beim Garen möglich. Auf die große Herdplatte konnten problemlos mehrere Töpfe gesetzt werden, so daß ohne viel Aufwand verschiedene Speisen gleichzeitig gekocht werden konnten, wie es für die Zubereitung von Gerichten mit mehreren Beilagen nötig war. Die neuen Herde ermöglichten damit die Ablösung der traditionellen und verhältnismäßig einfachen bäuerlichen Kost und ihren Ersatz durch vielfältigere Gerichte aus der bürgerlichen Küche.

Diese neuen technischen Möglichkeiten beim Kochen setzten sich gleichzeitig mit der Einführung neuer Lebensmittel durch, was den Wandel der ländlichen Nahrungsgewohnheiten sehr begünstigte. Das Angebot an industriezeitlichen Lebensmitteln und Kolonialwaren wurde in den Dorfläden lebhaft nachgefragt. Bald gehörten Reis und Nudeln zu den Grundnahrungsmitteln der bäuerlichen Küche. Verwendung fanden auch alle anderen Industrieerzeugnisse, die nun den bäuerlichen Speiseplan in einer bis dahin ungeahnten Vielfalt bereicherten. Genannt seien hier nur die im Jahr 1871 erfundene Margarine ebenso wie Brühwürfel, Speiseöl, Gelantine, Pudding- und Backpulver.

Es kam zu einer Verfeinerung der bäuerliche Küche, der die Frauen nun sehr viel mehr Aufmerksamkeit widmeten, als ehedem ihre Mütter und Großmütter, die noch auf dem offenen Feuer in der Diele des Rauchhauses gekocht hatten. Das Kochen galt als vornehmste Aufgabe der Bäuerin, die sie nur ungern ihren Töchtern oder Mägden überließ. Die Küche hatte einen hohen Prestigewert, was nicht zuletzt mit der Beköstigung des Gesindes zu tun hatte, denn die Attraktivität einer Dienststelle für Knechte und Mägde hing in hohem Maße von der Kochkunst der Bäuerin ab. Weil aber gerade das Gesinde einen besonderen Hang zum städtischen Lebensstil zeigte, bemühte man sich auf Höfen, die viel Personal hielten, um eine besonders fortschrittliche Küche. Der Kochkunst wurde ein so hoher Wert beigemessen, daß es bald das Bestreben aller jungen Mädchen war, eine gute Ausbildung in der Küche zu erlangen.

Die moderne bäuerliche Hausfrau bereitete am Anfang des 20. Jahrhunderts für ihre Familie und die Arbeitskräfte auf dem Hof

täglich bis zu fünf Mahlzeiten zu. Ihre Töchter und die jungen Mädchen halfen ihr dabei. Zum Frühstück gab es in der Regel Kaffee und Brot, mittags Suppe oder ein Gericht aus Fleisch beziehungsweise Fisch oder Eiern mit verschiedenen Beilagen sowie Pudding oder Kompott und zum Abend wiederum Brote sowie eine zusätzliche Milchspeise oder ein leichtes warmes Gericht. Sonntags wurde sogar oft ein dreigängiges Mittagessen serviert und an den besonders langen Arbeitstagen zur Erntezeit gab es ein zweites Frühstück und einen Nachmittagskaffee, der dann aufs Feld gebracht werden mußte.
Hinsichtlich der Ernährungsweise bestanden auf dem Land jedoch beträchtliche soziale Unterschiede. In den kleinbäuerlichen Familien bleiben die traditionellen Eßsitten oft noch sehr lange bestehen, weil die Bäuerin hier kaum die Zeit hatte, sich der aufwendigen Küchenarbeit zu widmen. Auch regional vollzog sich die Einführung der neuen Speisegewohnheiten nicht überall gleich schnell. Am fortschrittlichsten war man in dieser Beziehung in den wohlhabenden Agrarlandschaften Angeln oder Dithmarschen, wo man sich in der gesamten Lebensweise sehr stark an bürgerlichen oder gutswirtschaftlichen Vorbildern orientierte.
Neben der täglichen Zubereitung der Speisen für die Familie ergab sich für die Frauen ein großer Arbeitsaufwand durch die umfangreiche Vorratshaltung im bäuerlichen Haushalt. Auch hierfür wurden etliche technische Neuerungen entwickelt, die nicht immer zur Arbeitserleichterung führten, sondern auch zu einer Vervielfältigung der Tätigkeiten. Als wichtigstes Beispiel hierfür ist die Technik des Einkochens zu nennen. Um die Jahrhundertwende wurden für den Hausgebrauch entsprechende Apparaturen entwickelt – namengebend die der Firma Weck – mit deren Hilfe Gemüse und Fleisch über mehrere Monate in Gläsern küchenfertig konserviert werden konnten. Damit standen der Hausfrau unabhängig von der Garten- und Schlachtsaison Obst, Gemüse, Fleisch und Wurst ganzjährig zur Verfügung und ermöglichten eine große Flexibilität im täglichen Speiseplan. Mit der Einführung der Einmachtechnik konnten plötzlich auch empfindliche, nicht lagerfähige Gartenfrüchte haltbar gemacht werden. Sie wurden nun in größeren Mengen im Garten angebaut, darunter insbesondere Feingemüse wie Erbsen, grüne Bohnen, Blumenkohl oder Spargel. So zog die mo-

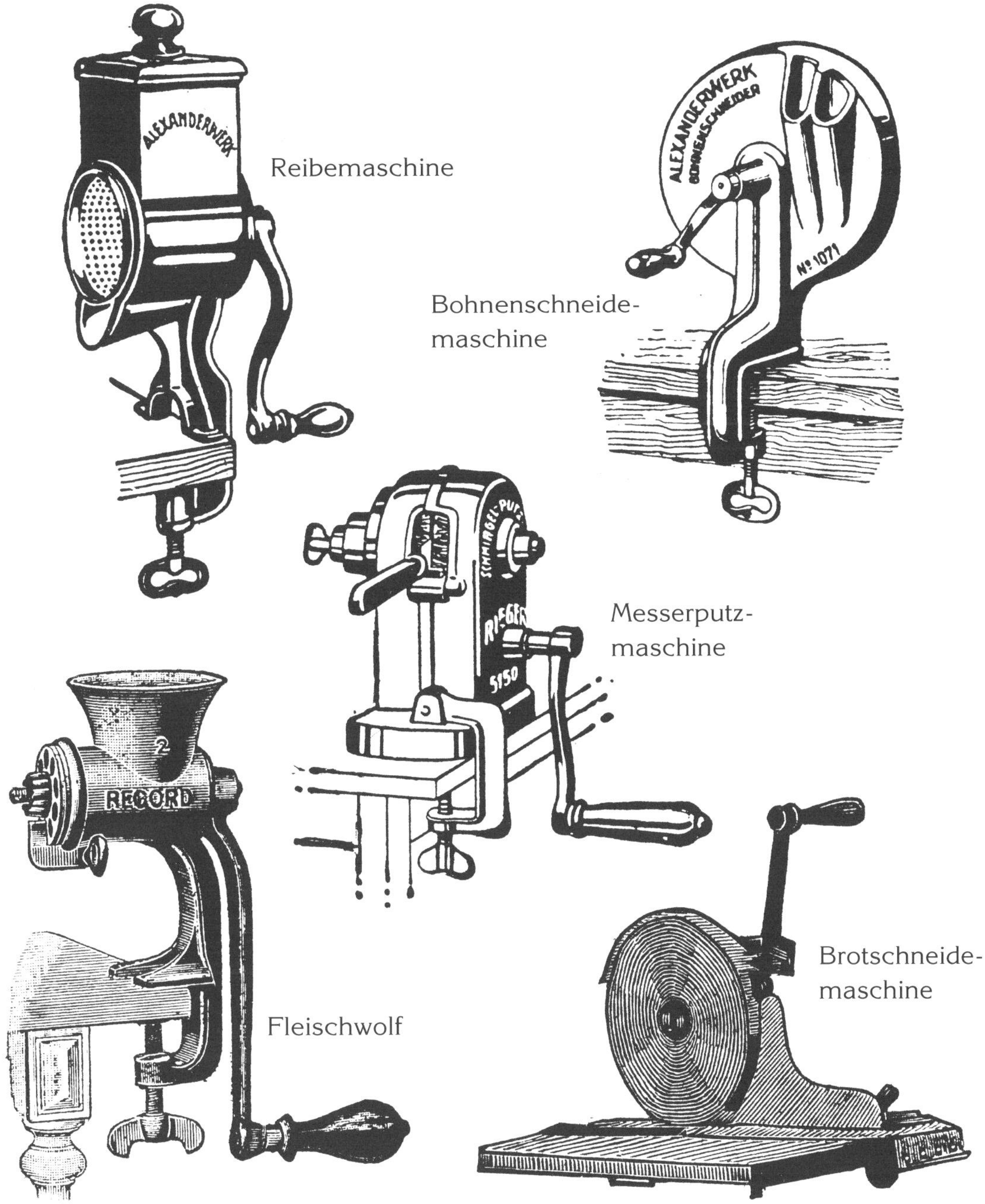

Für die vielfältigen modernen Küchenarbeiten brauchte die Hausfrau neue Gerätschaften, allen voran die gußeiserne Hackmaschine, den sogenannten Fleischwolf, zum Zerkleinern der verschiedensten Nahrungsmittel. Aber auch für viele andere Tätigkeiten wurden Maschinen entwickelt, oft sogar ein eigenes Gerät nur für einen einzigen Arbeitsgang, was schließlich sehr umfangreiche Reinigungsarbeiten nach sich zog.

derne Küche auch eine Intensivierung des Gartenbaus nach sich. Es war der Stolz jeder Hausfrau ihr Gemüse und Obst selbst zu ziehen und zu konservieren. Sorgfältig aufgereiht standen die Einmachgläser in den Regalen der Vorratskammer.
Zur neuen Küche der Gründerzeit gehörte nicht nur der eiserne Herd, sondern auch ein entsprechendes Mobiliar, das der traditionelle bäuerliche Haushalt bisher nicht kannte. Anrichten und Küchenbuffets wurden angeschafft, um die Vielzahl von Geschirr und Gerätschaften aufzunehmen, die durch die neuen Speisegewohnheiten und Eßsitten erforderlich wurden. Hatte die bäuerliche Familie ehedem gemeinsam aus einer Pfanne oder Schüssel gegessen, so brauchte nun jede Person ein eigenes Gedeck. In Mode war vor allem fabrikgefertigtes Steinzeuggeschirr nach englischem Vorbild. Zu den ländlichen Tischsitten gehörte nun auch das fachgerechte Eindecken und das gekonnte Servieren der Speisen durch die Hausfrau oder ihre Mädchen. So brachten die neuen Eßgewohnheiten der Landfrau eine Vielzahl von Mehrarbeiten. Auch der Abwasch und die Reinhaltung des Kücheninventars gehörten dazu. Er war besonders aufwendig, weil das Wasser hierfür meist von draußen herangeschleppt und auf dem Herd erhitzt werden mußte. Zudem wurde jedes Material, vor allem die verschiedenen Metalle, einer anderen Behandlung und Reinigungsmethode unterzogen. Die Reinigungsmittel mußten weitgehend selbst hergestellt werden, und Drogeriewaren wie Soda, Alaun, Natron, Terpentin oder Schwefel waren als gängige Grundstoffe hierfür in jedem Haushalt zu finden.
Die gründerzeitliche Küche auf dem Land war ungeheuer arbeitsaufwendig. Küchenarbeit war jedoch bei den Frauen ein sehr beliebtes Arbeitsfeld, das ihnen die Möglichkeit gab, der schmutzigen Landarbeit zu entfliehen. Mit ihr war ein hohes Sozialprestige verbunden, während die weiblichen Tätigkeitsbereiche in Stall und Feld als Gesindearbeit angesehen wurden.

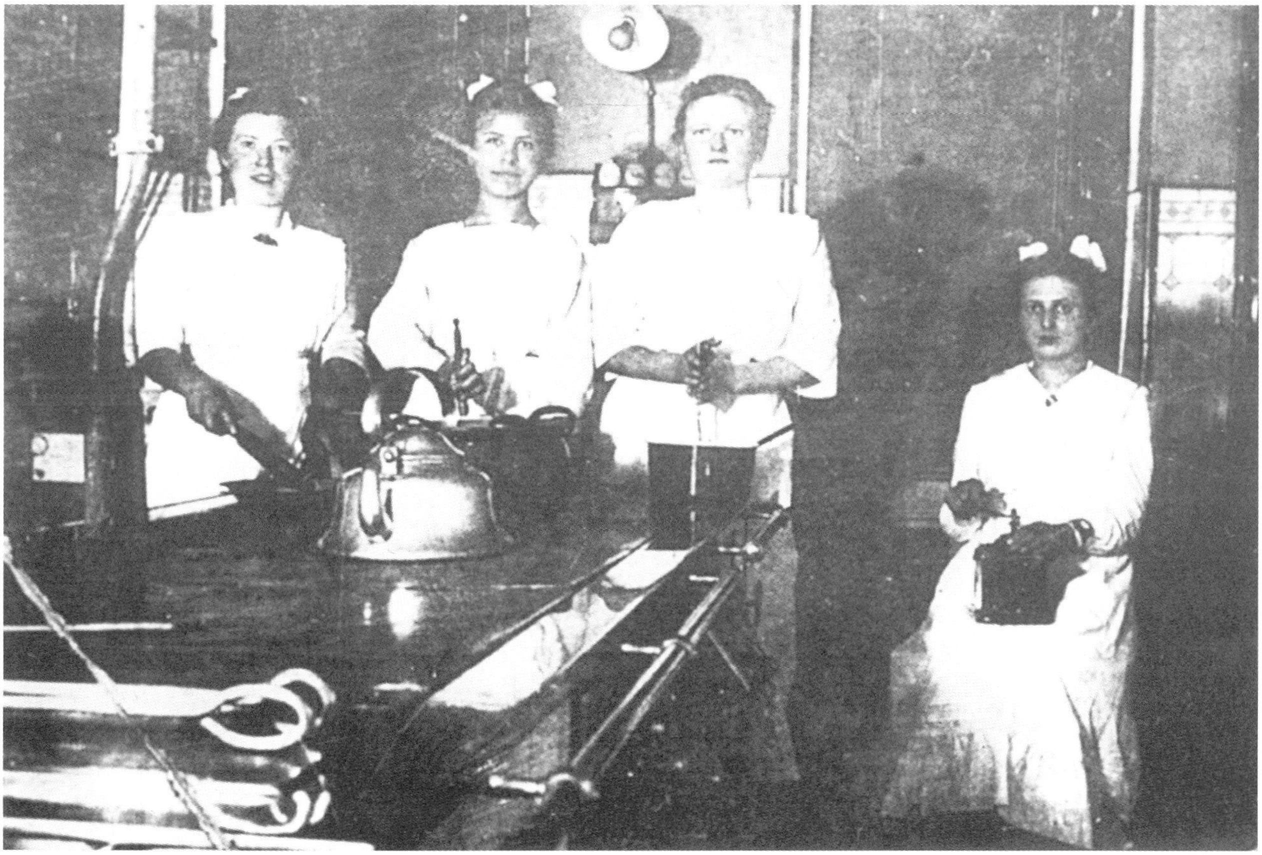

Mit dem gründerzeitlichen Wohlstand veränderten sich die ländlichen Eß- und Kochgewohnheiten. Der Küchenarbeit wurde sehr viel Aufmerksamkeit gewidmet und es war der Wunsch vieler junger Mädchen, gut kochen zu lernen. Sie nahmen dafür Anstellungen in städtischen Haushalten oder in der Gastronomie an oder gingen in einen Gutshaushalt, wie hier im Gut Schönhagen.

Die Arbeit im gründerzeitlichen Landhaushalt

Neben den Veränderungen in der Küche wurden mit dem agrarischen Wirtschaftsaufschwung und dem Bauboom um die Jahrhundertwende auf dem Land auch die Wohnungseinrichtungen modernisiert. Es wurde neues Mobiliar angeschafft, denn die modernen Häuser besaßen größere Wohnräume. Die Bauernhäuser wurden mit Möbeln ausgestattet, die sich in keiner Weise vom städtischen Einrichtungsstil unterschieden. In den Stuben befanden sich Sessel und Sofa, Vertiko und Buffet, meist reich verziert mit gründerzeitlich-historisierenden oder jugendstilhaftem Schnitzwerk. Über dem Stubentisch hing eine aufwendige Petroleumlampe, die Wände zierten Bilder und Regale mit Nippes. Heimtextilien wie Kissen, Plüschdecken oder in aufwendiger Handarbeit gefertigte Deckchen sowie schwere Teppiche waren groß in Mode und galten als Inbegriff häuslicher Gemütlichkeit. Sie dienten aber auch der Repräsentation. In den Stuben befanden sich große, reich verzierte Kachelöfen. In den Schlafräumen gab es freistehende Betten, die die wandfesten Alkovenbetten der traditionellen Bauernstuben ablösten. Eine Kommode mit Waschgeschirr und Spiegel diente der Körperpflege.

Der bäuerliche Einrichtungsstil glich sich immer mehr der bürgerlichen Wohnform an, und das hatte zur Folge, daß auch die Wohnungspflege für die ländliche Hausfrau bald zu einem umfangreichen Tätigkeitsfeld wurde. Die Möbel wurden regelmäßig poliert, die Teppiche und Polster ausgeklopft, Fenster geputzt, Gardinen gewaschen und der Zierat von Staub befreit. Besonders die Reinigung der stark rußenden Petroleumlampen machte viel Arbeit. Das Einheizen der Stubenöfen gehörte zu den weiblichen Tätigkeitsbereich und auch hiermit waren umfangreiche Putzarbeiten verbunden, weil Asche und Ruß viel Schmutz verursachten. Zweimal jährlich, im Frühjahr und im Herbst wurde ein „Großreinmachen“ veranstaltet, bei dem alle Möbel und Teppiche in Freien gründlich gesäubert wurden. Weil die Reinhaltung einer repräsentativen Wohnung so aufwendig war, wurden in den wohlhabenderen Bauernfamilien junge Mädchen angestellt, die allein

Um die Jahrhundertwende gab sich die gutsituierte Bauernfamilie, wie hier in Angeln, eher bürgerlich. Der gründerzeitliche Wohlstand machte auf dem Land einen aufwendigen Lebensstil möglich, bei dem nur auf wenige Annehmlichkeiten verzichtet werden mußte.

für die im Haus anfallenden Arbeiten wie Putzen und Kochen zuständig waren.
Auch in der Wäschepflege brachten die industriezeitlichen Veränderungen Neuerungen für die ländliche Hausfrau. Um die Jahrhundertwende wurden die ersten chemische Waschmittel erfunden, die eine sehr viel bessere schmutzlösende Wirkung hatten als die selbstgekochte Seife. Auch Stärkemittel konnten nun käuflich erworben werden. Aufwendig war das Waschen jedoch immer noch, denn die Entwicklung der Waschmaschine steckte noch in den Kinderschuhen. Außerdem war durch den allgemeinen Wohlstand auch die Menge der Wäsche größer geworden und der Anspruch an Sauberkeit und Hygiene war gewachsen. Gewaschen wurde im ländlichen Haushalt etwa alle vier bis sechs Wochen, und zwar die Kleidung, die Tisch- und Bettwäsche des ganzen großen Hausstandes einschließlich des Gesindes. Das Waschen nahm mindestens einen ganzen Arbeitstag in Anspruch, und meist wurde eine Waschfrau, in der Regel eine Tagelöhner- oder Instenfrau aus dem Dorf, zur Hilfe geholt. Es war eine körperlich schwere und anstrengende Arbeit, insbesondere das Tragen des Wassers und der nassen Wäschestücke, das Rubbeln und Reiben in der heißen Lauge und das Auswringen und Aufhängen mit aufgeweichten, wunden Händen. Gewaschen wurde im Sommer oft im Freien, sonst auch in Waschküchen, die vielfach als separate Räume an die neuen Häuser angebaut waren. Anschließend mußte die Wäsche noch gemangelt, gebügelt und sauber gefaltet in die Schränke und Truhen gelegt werden.
Zur Wäschepflege gehörte auch das Ausbessern und Stopfen zerrissener Kleidungsstücke sowie das Ändern der Kinderkleidung. Um die Jahrhundertwende verfügten die meisten ländlichen Haushalte bereits über Nähmaschinen, mit denen möglichst viele dieser Arbeiten erledigt wurden. Die Herstellung von Kleidung selbst wurde bis auf einfache Wäschestücke meist einer Schneiderin überlassen, oder man kaufte Konfektionsware im Textilgeschäft. Die traditionelle bäuerliche Kleidung wie die aus Wolle und Leinen hergestellten Beiderwandröcke waren längst außer Mode gekommen. Nur in wenigen Gegenden, etwa auf den Inseln Nordfrieslands blieben Trachten in Gebrauch, sie waren hier nicht zuletzt ein folkloristisches Element, das dem Fremdenverkehr diente.

Auch die Innenausstattung der neuen Bauernhäuser – hier der Flur und der Treppenaufgang einer wohlhabenden angeliter Bauernfamilie – war möglichst repräsentativ gestaltet. Für die bäuerliche Hausfrau bedeutete dies einen ungeheuren Mehraufwand an Reinigungs- und Putzarbeiten, für die sie oft zusätzlich ein Hausmädchen einstellten mußte.

Trotz des Aufkommens von modernen Industriewaren wurden textile Handarbeiten im ländlichen Haushalt weiterhin gepflegt. Sie hatten nichts von ihrem Prestigewert eingebüßt. Vor allem Stricken und Sticken waren beliebte Beschäftigungen, bei denen auch jungen Frauen viel Ausdauer zeigten. Die feinen Handarbeiten waren weniger für den alltäglichen Gebrauch gedacht, sie dienten vielmehr als Ausdruck weiblicher Tugenden wie Ausdauer, Geduld und Sauberkeit. Die handbestickten Aussteuerstücke eines jungen Mädchen zeugten allemal vom Fleiß und Ordnungssinn der Braut.

Zur hauswirtschaftlichen Arbeit zählte auch der Gartenbau, der ebenfalls um die Jahrhundertwende intensiviert wurde. Nicht selten betrug das Gartenland mehrere tausend Quadratmeter Fläche. Durch die Einführung neuer Konservierungsverfahren in der Küche war der Gemüsegartenbau vielfältiger geworden. Vor allem Fein-

Auch die Gartengestaltung war aufwendig und diente der Zurschaustellung des bäuerlichen Wohlstandes, aber auch der Muße der Familie. Neben dem Gemüsegarten wurden Ziergärten mit akuraten Blumenrabatten und Sträuchern angelegt und von der Hausfrau und ihren jungen Mädchen sorgsam gepflegt.

gemüse, dessen Anbau zum Teil sehr arbeitsaufwendig war, wurden angepflanzt. In den Gemüsegärten fanden sich Kartoffeln, Erbsen, Bohnen, Möhren, Spargel, Spinat, Gurken, Kürbisse, Gurken, verschiedene Kohlsorten, Rote Beete, Sellerie und Küchenkräuter aller Art. An Obst wurden Erdbeeren, Johannisbeeren, Stachelbeeren, Himbeeren, Quitten, Kirschen, Pflaumen, Äpfel und Birnen geerntet und zu Kompott, Marmeladen, Saft und Most verarbeitet. Die Bäuerinnen legten auch zunehmend Wert auf schöne Blumen- und Ziergärten. Zu den gründerzeitlichen Bauernhäusern mit ihrem historisierenden Bauschmuck gehörten Gartenanlagen mit Buchsbaumhecken und Ziersträuchern, die ihre Vorbilder in Schloßgärten und Parks hatten. Sie dienten ebenfalls, genau wie die aufwendigen Hausfassaden, der Repräsentation des wohlhabenden Bauernstandes.
Während die häuslichen Tätigkeitsfelder der Landfrauen immer umfangreicher und im einzelnen komplizierter und aufwendiger wurden, verloren die weiblichen Arbeitsfelder im außenwirtschaftlichen Bereich des Bauernhofes immer mehr an Bedeutung. Der Einsatz von Landmaschinen machte viele Hände überflüssig. Insbesondere bei der Ernte wurden auf den großen Höfen nun weniger weibliche Kräfte gebraucht. Der Arbeitsanteil der Frauen an der Landarbeit blieb jedoch weiterhin abhängig von der wirtschaftlichen Situation des Hofes. In Kleinbetrieben, die sich weder Personal noch teure Maschinen leisten konnten, war die Bäuerin sehr viel stärker in die Außenwirtschaft eingebunden. So hatte die Kleinbäuerin auch kaum die Möglichkeit sich umfassend der Hausarbeit zu widmen und den Hausstand zu modernisieren.

Bauerntöchter, „junge Mädchen“ und Melkerinnen

Nicht nur im Arbeitsalltag gewann die Hausarbeit für die Frauen auf dem Land immer mehr an Bedeutung, sondern auch in ihrem Bewußtsein, vor allem bei den jungen Mädchen. Während die Männer sich auf die Betriebswirtschaft und den agrarischen Fortschritt konzentrierten, übernahmen sie das Feld reproduktiver Tätigkeiten im Haus, vor allem Kochen, Putzen und die Gartenarbeit. Die Verrichtung von schmutziger Land- oder Stallarbeit dagegen galt den Bauerntöchtern bald als unfein und rückständig. Mit ihr war ein soziales Stigma verbunden, denn nur auf kleinen Höfen packten die Bäuerinnen in der Außenwirtschaft mit an, ansonsten war dies die Arbeit der Mägde. Die Bauerntöchter fühlten sich zu höherem berufen und wandten sich immer mehr von der hergebrachten bäuerlichen Lebensweise ab. Sie interessierten sich weder für die Aufzucht von Kälbern und Schweinen, noch für die Geflügelhaltung oder die Milchwirtschaft. Sie orientierten sich in ihren Zukunftplänen an städtisch-bürgerlichen Vorbildern, die mit ihrer vermeintlichen Fortschrittlichkeit und Weltoffenheit lockten. Trotz des wachsenden Wohlstandes und der umfangreichen Modernisierungen in den ländlichen Haushalten hatte das städtische Leben noch immer eine weit größere Attraktivität für die jungen Mädchen. Insbesondere die Töchter aus den Klein- und mittelbäuerlichen Schichten zog es dauerhaft in die Stadt, denn für sie bot das Landleben nur wenig Perspektiven.

Viele von ihnen suchten sich eine Anstellung im städtischen Haushalt, wo sie die bürgerliche Küche erlernen und bald einen passenden Bräutigam finden wollten. In der Hoffnung, der ländlichen Enge ihrer Dörfer zu entfliehen, gerieten sie dabei jedoch schnell wieder in neue Abhängigkeiten, denn auch in den städtischen Dienstverhältnissen gönnte man ihnen keine persönlichen Freiräume und Entwicklungsmöglichkeiten. Einige junge Mädchen gingen auch in die Fabrik oder in die Gastronomie, die Dank des aufsteigenden Fremdenverkehrs um die Jahrhundertwende in Schleswig-Holstein viel Personal suchte. Bäuerliche Dienststellen dagegen waren nicht mehr gefragt, und auch die Eltern der Mädchen empfanden es als

Die jungen Mädchen vom Land nahmen nur noch ungern eine bäuerliche Dienststelle an. Viel mehr reizte sie das städtische Leben. Wenn sie nach ihrer Konfirmation einem eigenen Erwerb nachgehen mußten, so suchten sie sich Arbeit im städtischen Haushalt, in der Fabrik oder in der aufblühenden Gastronomie der Badeorte.

Die Melkerinnen gehörten zu den wichtigsten Arbeitskräften auf dem Land, weil die Milchwirtschaft ein besonders einträglicher Betriebszweig war. Oft hatten die Bauern Mühe, hierfür entsprechendes Personal zu bekommen, denn die Arbeit der Melkerinnen war schwer und schmutzig und daher bei den jungen Mädchen unbeliebt.

nicht standesgemäß, wenn ihre Töchter auf anderen Höfen „Mägdearbeiten“ verrichteten. Auch sie hatten einen hohen Anteil daran, daß auf dem Land bald kaum noch weibliches Personal zu bekommen war.
Die Landflucht der jungen Mädchen verursachte vor allem in der aufblühenden Milchwirtschaft einen bedrohlichen Personalmangel. Hier fehlte es bald an geübten Melkerinnen. Die Bauern mußten für die Melkarbeit sogar ausländische Mädchen anwerben. Sie kamen vielfach aus den ärmeren Landstrichen Schwedens und Polens und erfüllten kaum die an sie gestellten Anforderungen. Oft waren sie viel zu jung und ohne Sprachkenntnisse auf den fremden Höfen isoliert, so daß sie der Belastung nicht standhielten. Auf den Gütern oder in anderen Großbetrieben griff man daher auf männliches Melkpersonal, sogenannte Schweizer, zurück, die gleichzeitig einen großen Teil der Verantwortung für die Milchviehherden übernahmen. Sie waren jedoch teuer und es kam oft zu Autoritätsstreitigkeiten mit dem Bauern. So bevorzugten die Landwirte weiterhin einheimische Frauen zum Melken. Sie verdingten vor allem Tagelöhnerfrauen, die durch die Anstellung ihres Mannes als Landarbeiter gleichzeitig zum Melken verpflichtet wurden. Junge unverheiratete Mädchen vom Land, die ehedem den Großteil des weiblichen Gesindes ausgemacht hatten, konnten nur noch durch enorm hohe Löhne an die Landarbeit gebunden werden.
Solche Mägde, die die Stall- und Landarbeit verrichteten, wurden im Gegensatz zu den Hausmädchen nun Außenmädchen oder auch Buterdeerns genannt. Sie besaßen zwar wenig soziales Ansehen, verdienten aber in der Regel mehr als die Hausmädchen, die nur ein Taschengeld erhielten. Sie traten oft mit großem Selbstbewußtsein dem Bauern gegenüber auf, der wegen des allgemeinen Personalmangels auf ihre Arbeit angewiesen war, und sie waren nicht mehr bereit, sich seiner Willkür zu beugen. Durch diese Entwicklung lösten sich die hergebrachten patriarchalen Arbeitsverhältnisse zwischen Bauernstand und Gesinde allmählich auf. Die Mädchen verdingten sich nicht mehr zu den Bedingungen der alten Gesindeordnung, und die Dienstherrschaft übernahm nicht mehr die Verpflichtungen der sozialen Fürsorge. Die traditionelle Eingebundenheit des Gesindes in die bäuerliche Familie ging verloren. Dies zeigte sich auch in einer räumlichen Trennung voneinander,

Auf den mittelständischen Höfen war meist nur ein „Alleinmädchen“ neben der Bäuerin tätig. Es verrichtete alle im Haushalt und in der Milchwirtschaft anfallenden Arbeiten und mußte bei Bedarf auch mit aufs Feld.

beispielsweise bei den täglichen Mahlzeiten, die nun, besonders auf den großen Höfen, immer seltener gemeinsam eingenommen wurden. Zwar konnten sich die Außenmädchen größere persönliche und finanzielle Freiheiten erkämpfen als die Hausmädchen, ihr soziales Ansehen und ihre Tugendhaftigkeit waren dadurch aber um so mehr in Frage gestellt. Die schmutzige und körperlich anstrengende Arbeit mit den Tieren, die die Außenmädchen verrichten mußten, widersprach vollkommen den Weiblichkeitsidealen der Gründerzeit. Der hohe Verdienst, der ihnen dafür geboten wurde, konnte die Attraktivität der hauswirtschaftlichen Tätigkeiten für die meisten Mädchen nicht brechen.

Als die Auswirkungen der Landflucht unter den jungen Frauen in einer zunehmenden Personalverteuerung überdeutlich wurden, versuchten die Bauernfamilien ihre Töchter wieder vermehrt an die ländliche Lebenswelt zu binden. Sie sollten daher auf einem möglichst als modern oder wohlhabend geltenden Hof eine fortschrittliche bäuerliche Hauswirtschaft kennen- und schätzen lernen. Aber auch diese Mädchen, die so eine Anstellung auf dem Land annahmen, mieden nach Möglichkeit die landwirtschaftlichen Außen- und Stallarbeiten. Sie verstanden sich nicht als Bauernmägde, sondern nannten sich „junge Mädchen", was einerseits auf ihre Ausbildungssituation hinwies und andererseits einen höheren sozialen Status als den einer Magd oder eines Außenmädchens verdeutlichte. Genau wie ihre Altersgenossinnen in der Stadt wollten sie lediglich gut kochen lernen. Ihre Anstellung sollte nicht dem Erwerb dienen, sondern galt als standesgemäße und sinnvolle Überbrückung der Zeit zwischen der Schulentlassung und der Gründung einer eigenen Familie. Oft wurde dem jungen Mädchen der Status einer Haustochter zugebilligt, der in einem Anstellungsvertrag durch die Festlegung eines „Familienanschlusses" garantiert wurde. Im ländlichen Haushalt waren junge Mädchen mit „vollem Familienanschluß" vollkommen in eine Bauernfamilie integriert. Sie wurden meist auf großbäuerlichen Höfen unentgeltlich in ihre zukünftige gesellschaftliche Rolle eingeführt und nahmen an allen privaten und gesellschaftlichen Ereignissen und Verpflichtungen des Hauses teil. Sie wurden bei sonntäglichen Ausfahrten mitgenommen oder mit Gästen der Familie bekanntgemacht, wobei es nicht selten darum ging, einen standesgemäßen Bräutigam zu fin-

Statt für die landwirtschaftlichen Arbeiten interessierten sich die jungen Mädchen vom Land eher für Küche, Haushalt und feine Handarbeiten. Sie besuchten private Kurse und Schulen, wie hier in Hohenwestedt im Jahr 1910, um die neuen Handarbeitstechniken zu lernen. Auch in ihrer Kleidung achteten sie auf den neuesten Chic und verrieten nichts von ihrer bäuerlichen Herkunft.

den. Ihre Arbeit auf dem Hof bestand hauptsächlich im Kochen, Aufdecken und Putzen; die schmutzigeren Tätigkeiten mußte das übrige Dienstpersonal erledigen.
War ein Mädchen nur mit „einfachem Familienanschluß" zur hauswirtschaftlichen Ausbildung angestellt, so durfte es nur die Mahlzeiten mit der Bauernfamilie teilen und abends mit in der Stube sitzen. Es wurde von der Bäuerin in alle anfallenden Hausarbeiten eingewiesen und gehörte eher zum bezahlten Dienstpersonal. In Ausnahmesituationen mußte es sogar im Stall oder auf dem Feld mitarbeiten. Derartige Ausbildungsstellen waren entsprechend weniger beliebt, wurden aber etwas besser bezahlt. Trotzdem war diese Art der Anstellung die verbreitetste, denn auf den vielen kleinen und mittelständischen Bauernhöfen konnte man sich meist nur ein Mädchen leisten, das dann alle Arbeiten zusammen mit der Bäuerin und ihren Töchtern verrichten mußte.
Viele junge Bauerntöchter wurden von ihren Eltern auch zur Ausbildung auf Gutshöfe geschickt, damit sie dort die feine Küche kennenlernten, ohne sich der ländlichen Lebenswelt allzusehr zu entfremden. Sie fanden sich aber oft in den großen Gutswirtschaften mit ihrer strengen sozialen Hierarchie nur schlecht zurecht. Zwar wurden sie hier mit einer großzügigen und umfangreichen Hauswirtschaft vertraut gemacht, lernten aber wenig über die wirtschaftlichen Verhältnisse eines bäuerlichen Familienbetriebes und konnten daher ihre Kenntnisse später im eigenen Haushalt kaum gebrauchen.
So steckte die bäuerliche Mädchenerziehung in einem Dilemma, das einerseits durch den Hang der jungen Frauen zum städtischen Lebensstil begründet war, das aber andererseits auf dem Land nicht behoben werden konnte, weil es dort weder geeignete Ausbildungsmöglichkeiten gab noch entsprechende Weiblichkeitsideale, an denen sich die Bauerntöchter orientieren konnten.

Die Anfänge der landwirtschaftlichen Frauenbildung

Wegen der Mißstände in der Mädchenerziehung und der zunehmenden Landflucht, die man auf die mangelnde Attraktivität der ländlichen Hauswirtschaft zurückführte, wurde um die Jahrhundertwende in den landwirtschaftlichen Kreisen Schleswig-Holsteins der Ruf nach einer institutionalisierten Schulbildung für die Bauerntöchter laut. Während die Landwirtssöhne schon seit der Mitte des 19. Jahrhunderts die Möglichkeit hatten, sich in Fachschulen auf ihren späteren Beruf vorzubereiten, so steckten entsprechende Bildungseinrichtungen für die Mädchen noch in den Anfängen. Man erhoffte sich von Frauenschulen eine Steigerung des Niveaus der ländlichen Hauswirtschaft, damit die Mädchen nicht immer nach städtischen Leitbildern suchen mußten und sich wieder mit ihrer Arbeit im landwirtschaftlichen Betrieb identifizieren konnten.

Vorbilder für derartige ländliche Haushaltungsschulen gab es bereits in anderen Provinzen. Die Landwirtschaftskammer in Schleswig-Holstein entschloß sich 1903 zur Einrichtung einer eigenen Schule, die ein Jahr später in Hademarschen im Kreis Rendsburg gegründet wurde. Sie entsprach den damals modernsten hauswirtschaftlichen und pädagogischen Anforderungen und sollte durch ihre fortschrittliche Einrichtung innovative Einflüsse auf die ländlichen Haushalte der Region ausüben. Es gab fließendes Wasser, Zentralheizung, elektrische Beleuchtung und eine Kraftstromanlage, eine Ausstattung also, die weit über dem landesüblichen Standard lag.

Die ländliche Haushaltungsschule Hademarschen war vor allem für Töchter aus gehobenen bäuerlichen Kreisen bestimmt. Es konnten zunächst 34 Schülerinnen aufgenommen werden. Sie mußten mindestens 16 Jahre alt sein und ein Schulgeld von 500 Mark jährlich entrichten. Sie erhielten in der Schule Kost und Logis, und für viele von ihnen war es der erste längere Aufenthalt außerhalb des Elternhauses. Das Internatsleben hatte einen starken familiären Charakter, wodurch eine Kontrolle und Aufsicht über die Mädchen gewährleistet wurden. Die Unterrichtsinhalte orientierten sich fest an den wirtschaftlichen Bedürfnissen landwirtschaftlicher Betriebe

Die Haushaltungsschulen in Hademarschen und Glücksburg waren Einrichtungen der Landwirtschaftskammer, die die jungen Mädchen auf ihren zukünftigen Beruf als Bäuerin vorbereiten sollten. Ihre Ausstattung und das Unterrichtsangebot waren sehr fortschrittlich, denn die Schulen sollten den Bauerntöchtern eine moderne ländliche Hauswirtschaft nahe bringen.

Der Kochunterricht nahm in den landwirtschaftlichen Haushaltungsschulen einen hohen Stellenwert ein, weil die fachgerechte Zubereitung der Speisen zu den wichtigsten Arbeiten der ländlichen Hausfrau gehörte. Hier lernten die Mädchen den Umgang mit Kolonialwaren und Industrieerzeugnissen ebenso wie mit Gemüse und Fleisch aus der eigenen Hofwirtschaft.

„Am nächsten Morgen gegen 5 Uhr hörte ich die ersten Schülerinnen. Es waren zwei von der Küchengruppe, welche versuchten, möglichst leise die Treppen hinunterzugehen, damit nur die Vorsteherin nicht hörte, daß sie zu früh aufgestanden seien. Die Angst, bis 6 Uhr den Kaffee nicht fertig zu haben, trieb sie so früh heraus. Um 5 $^1/_2$ wurde geschellt, das Zeichen zum Aufstehen für die jungen Mädchen, fünf Minuten vor 6 erschallt die Glocke wieder zum Sammeln der Schülerinnen im Eßsaal. Präzise um 6 Uhr wird zur Morgenandacht geschellt und nach derselben gemeinschaftlich Kaffee getrunken.
Geräuschlos wie am Abend vorher wurde auch diese Mahlzeit eingenommen. Trotz der frühen Morgenstunde sah ich nur fröhliche Gesichter und frisch und vergnügt ging auch nachher jede an ihre Arbeit.
Die Schülerinnen arbeiteten in 4 Gruppen. Die erste besorgt das Kochen und die dazu gehörigen Arbeiten, die zweite die Molkerei und die Außenwirtschaft (Viehzucht und Gartenbau), die dritte die Zimmer und die letzte Gruppe die Wäsche. Ich gesellte mich der Küchengruppe zu, um mir das Treiben in der Küche näher anzusehen.
Die acht Schülerinnen der Küchengruppe sind noch wieder in zwei Gruppen geteilt, welche umschichtig an einem Tage kochen und am nächsten die Nebenarbeiten besorgen. Die „Ordnerin" hatte sich aus dem Zimmer der Vorsteherin die Tafel geholt, auf welcher der Speisezettel für den Tag stand, und die vier Köchinnen umstanden nun diese, um zu überlegen, was alles aus Keller und Garten für das Mittagessen zusammengeholt werden mußte. Der Speisezettel lautete: Falscher Hase, gestovte Karotten und Kartoffeln; Stärkeflammeri mit Saftsauce ...
Präzis um 10 Minuten vor 12 Uhr wurde zum erstenmal geschellt, und aus allen Ecken und Enden kamen die Schülerinnen geeilt um noch schnell eine saubere Schürze umzubinden oder sonst noch etwas an ihrer Kleidung zu ordnen, bevor sie sich in den Speisesaal begaben. Als nach 5 Minuten das zweite Schellen ertönte, standen schon alle Schülerinnen um den sauber gedeckten Tisch und nach einem kurzen Tischgebet setzten sich alle, Lehrerinnen wie Zöglinge, und ließen sich das sorgfältig bereitete Mittagessen, welches von den Mädchen der Zimmergruppe herumgereicht wurde, wohl schmecken.
Bis zwei Uhr mußte die Küche blitzblank sein, und wenn auch 16 Hände sich bemühten, in diesen Wirrwarr von Tellern und Töpfen Ordnung zu bringen, 1 $^1/_2$ Stunden sind doch nur eine kurze Zeit, wenn noch ein so großer Herd zu polieren ist. Und doch verschwanden mit dem Schlage 2 Uhr die letzten aus der Küche, bis auf die Ordnerin, welche noch überall nachsah und hier und dort noch etwas ordnete. Sie ist sich ihrer Würde, aber auch der Bürde derselben nur zu wohl bewußt, denn für jede Nachlässigkeit und Unordnung wird nicht die Übeltäterin, sondern zuerst die Ordnerin von der Vorsteherin verantwortlich gemacht."

(Landwirtschaftliches Wochenblatt 1904, S. 1136)

Ausführlich berichtete das Landwirtschaftliche Wochenblatt als Zentralorgan der Landwirtschaftskammer über die neu gegründete Haushaltungsschule Hademarschen und die Ausbildung der Mädchen. Damit wurde gleichzeitg für die Bildungseinrichtung geworben. Ein Zeitzeugenbericht stellte 1904 besonders die Disziplin, Ordnung und das Verantwortungsbewußtsein der Schülerinnen heraus.

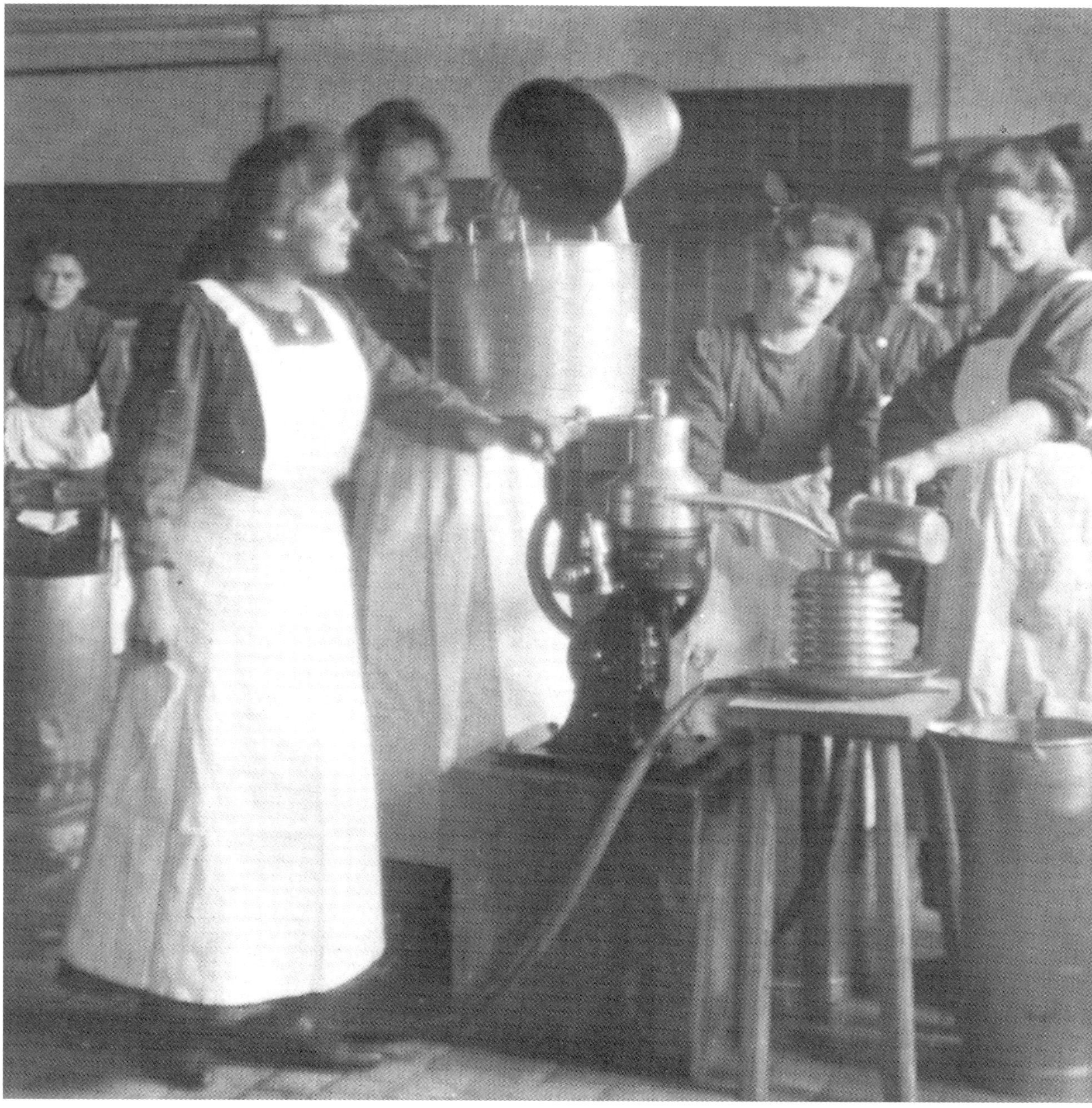

Milchwirtschaftlicher Unterricht in Theorie und Praxis gehörte obligatorisch in den Lehrplan der landwirtschaftlichen Haushaltungsschulen, obwohl um die Jahrhundertwende nur noch in wenigen Regionen Schleswig-Holsteins – etwa in der Wilstermarsch – die Milch von den Bäuerinnen auf dem Hof verarbeitete wurde.

und den davon bestimmten Anforderungen an eine Landfrau. Der Aufgabenbereich der Bäuerin wurde damit klar umrissen. Die Unterrichtsfächer waren Ernährungslehre, Gesundheitslehre, Milchwirtschaft, Kälberaufzucht und Schweinemast, Geflügelzucht, Gartenbau, Deutsch und Rechnen. Der Unterricht wurde in praktische Übungen und theoretische Unterweisungen gegliedert, wobei die praktische Arbeit der Schülerinnen gleichzeitig die hauswirtschaftliche Versorgung des Schulbetriebes sicherte. In vier Arbeitsgruppen geteilt übernahmen die Schülerinnen die Küchenarbeit, die Reinhaltung und Ordnung des Hauses, die Wäschepflege und die Milchwirtschaft. Die Gartenarbeit wurde gemeinsam besorgt, ebenso wie die saisonweise Konservierung von Obst und Gemüse und das Einschlachten. Neben der Vermittlung von Fachwissen war das Hauptanliegen der Schule die Erziehung zu Ordnung, Sauberkeit, Pünktlichkeit und Zuverlässigkeit. Der Schulalltag begann mit dem Wecken um 5.30 Uhr und endete um 21 Uhr; an Sonn- und Feiertagen war der Kirchgang obligatorisch und selbst Freizeitveranstaltungen wurden in der Gruppe organisiert, so daß die Mädchen vollkommen in das Anstaltsleben eingebunden waren. Das Ende der Ausbildungszeit, die entweder ein halbes oder ein ganzes Jahr betrug, bildete eine öffentliche Abschlußprüfung.
Der Haushaltungsschule in Hademarschen, die eine große Resonanz fand, folgte bereits drei Jahre später eine weitere gleichartige Einrichtung in Glücksburg, die vorwiegend von den Töchtern der gutsituierten angeliter Bauernschaft besucht wurde. Sie stand ebenfalls unter der Trägerschaft der Landwirtschaftskammer und arbeitete nach den gleichen Richtlinien wie die Schule in Hademarschen. Auch hier waren bald alle Plätze belegt.
Die Bestrebungen nach einer speziell ländlich-hauswirtschaftlichen Bildung galten nicht nur den Landwirtstöchtern, sondern auch Mädchen aus den klein- und unterbäuerlichen Schichten. Sie wurden als zukünftige Tagelöhner- oder Siedlerfrauen in der Landarbeit gebraucht und sollten deshalb durch eine solide Ausbildung ans Landleben gebunden werden. Hauswirtschaftsunterricht in den unteren Sozialschichten diente außerdem auf dem Land ebenso wie in der Stadt einer sozialreformerischen Konsolidierung der Arbeiterschaft. Die Frauen sollten lernen, ihren Männern mit sparsamen Mitteln ein gemütliches Heim zu schaffen, um sie damit von Wirts-

Am Anfang des 20. Jahrhunderts wurden in Schleswig-Holstein Wanderschulkurse eingerichtet, in denen junge Mädchen auf den Dörfern eine einfache Haushaltsführung erlernen sollten. Sie waren sehr stolz auf ihr hauswirtschaftliches Wissen und zeigten sich gern dem Fotografen als tüchtige junge Hausfrauen.

hausgängen abzuhalten und noch viel mehr, um sie vor der im Bauernstand gefürchteten sozialdemokratischen Einflußnahme zu bewahren. Weil diese Mädchen in der Regel gleich nach der Konfirmation arbeiten gehen mußten, hatten sie selten Zeit für einen längerfristigen Schulbesuch. Für sie wurden deshalb flexible Wanderschulkurse angeboten, wo sie innerhalb kürzester Frist die Grundlagen einer einfachen, aber modernen ländlichen Haushaltsführung erlernen sollten.

Das Wanderkurssystem, das in den südlichen Provinzen des Deutschen Reiches bereits am Ende des 19. Jahrhunders Tausende junger Mädchen erfaßte, wurde in Schleswig-Holstein erst 1911 ein-

Die Nachfrage nach fachgerechtem hauswirtschaftlichen Unterricht, wie hier in einem privaten Kochkurs in Angeln, war um die Jahrhundertwende groß, denn die neuen Küchentechniken konnten die jungen Mädchen oft nicht zu Hause bei ihren Müttern erlernen.

geführt. Die Trägerschaft der Kurse übernahmen die einzelnen Landkreise. Doch längst nicht überall wurde die Notwendigkeit hauswirtschaftlicher Unterweisung erkannt, und so konnte das System vor dem I. Weltkrieg noch nicht flächendeckend eingeführt werden. 1913 gab es sechs Schulen, die insgesamt 23 Kurse abhielten und damit knapp 400 Schülerinnen erreichten.
Die praktische Arbeit der Wanderschulen bestand in der Abhaltung von jeweils sechswöchigen Kursen in verschiedenen Dörfern eines Kreises, womit auch Mädchen in entlegenen Ortschaften die Teilnahme ermöglicht werden sollte. Zu Beginn eines neues Kurses mußte mit dem gesamten Schulinventar umgezogen werden. Als

Schulräume wurden die Säle von Gastwirtschaften oder öffentliche Gebäude genutzt. Die Landkreise stellten jeweils eine feste Lehrkraft an, die den ganztägigen Unterricht an sechs Wochentagen abhielt. Die Schülerinnen bezahlten eine Gebühr von 4 Mark wöchentlich und erhielten dafür freien Mittagstisch und Nachmittagskaffe, der im Kochunterricht selbst bereitet wurde. Der Unterricht war hauptsächlich praktischer Art, die jungen Mädchen lernten kochen, backen, einmachen, waschen, plätten, nähen und andere hauswirtschaftliche Arbeiten sowie eine einfache Buchführung zur sparsamen Haushaltsführung. Den Abschluß des Kurses bildete eine öffentliche Prüfung und Ausstellung der Schülerinnenarbeiten, denen die Eltern der Mädchen und die Honoratioren des Ortes beiwohnten.

Die von den landwirtschaftlichen Gremien immer wieder eingeforderte Unterweisung der Mädchen in den speziellen Belangen der bäuerlichen Wirtschaft, etwa in der Jungviehaufzucht, der Milchwirtschaft oder der Geflügelzucht, wurde in der Praxis der Wanderschulen weitgehend vernachlässigt. Die jungen Mädchen zeigten einfach kein Interesse für diese Dinge, und sie hätten die Kurse nicht besucht, wenn die inhaltlichen Schwerpunkte bei den landwirtschaftlichen Fächern gelegen hätten. Auch ihre eigentliche Zielgruppe, die Landarbeiter- und Kleinbauerntöchter erreichten die Wanderschulen nicht. Die Schülerinnen stammten vorwiegend aus Familien ländlicher Gewerbetreibender, Handwerker und Beamter. Für sie waren die Kurse willkommene Angebote einer qualifizierten hauswirtschaftlichen Unterweisung. Vielerorts wurden Klagen der Schulträger über die Wanderkurse laut, die bemängelten, daß bei den Abschlußprüfungen nur feine Handarbeiten gezeigt und aufwendige Kuchen und Torten angeboten wurden, die das normale Maß eines einfachen bäuerlichen Haushaltes weit überschritten. Die Wanderschulen verfehlten also ihre Intention, die Mädchen aus den unteren Sozialschichten an ihre ländliche Lebenswelt zu binden.

Der Erste Weltkrieg auf dem Land

Der wirtschaftliche Aufschwung auf dem Land und mit ihm die Entwicklung von Wohlstand und Modernisierung des dörflichen Lebens fanden mit dem Beginn des Erste Weltkrieges ein jähes Ende. Zwar hatte sich der Kriegsausbruch auf der politischen Bühne früh angekündigt, die deutsche Landwirtschaft traf er jedoch plötzlich und unvorbereitet.

Mitten in der Ernte 1914 erreichte viele Bauern und ihre Knechte der Stellungsbefehl, und so rückten sie direkt von den Äckern in die Kasernen ein, während die zurückbleibenden Frauen, Alte und Kinder die Arbeit auf den Feldern übernahmen. Auch in der Agrarpolitik war man nicht auf die Kriegsereignisse vorbereitet. Man hatte weder mit der langen Dauer der Kampfhandlungen gerechnet, noch mit der drohenden Lebensmittelverknappung und hatte daher für die Aufrechterhaltung der landwirtschaftlichen Produktion keine Vorsorge getroffen. Die Erzeugung der bäuerlichen Betriebe stagnierte schon im ersten Kriegsjahr, denn es fehlte nicht nur an Arbeitskräften sondern an allen wichtigen Betriebsmitteln. Die Pferde waren vom Militär beschlagnahmt, es mangelte an Viehfutter, weil das Deutsche Reich vom Import ausländischer Futtermittel abgeschnitten war, und auch die Düngemittel wurden knapp, denn die Stickstofffabriken produzierten nun Kriegsmunition anstatt Kunstdünger. Die Getreideerträge und die Fleischproduktion sanken auf ein Niveau, das eher vorindustriellen Zuständen entsprach, und das in keiner Weise ausreichte, die deutsche Bevölkerung zu ernähren. Die Behörden konnten einer rasanten Lebensmittelverknappung nur durch eine strenge Rationierung entgegenwirken. Der gesamte Agrarsektor wurde unter eine umfassende Zwangsbewirtschaftung gestellt, die die Preise und Abgabemengen für die Bauern festlegten. Eine verheerende Hungersnot unter der städtischen Bevölkerung konnte damit jedoch nicht verhindert werden: Während des I. Weltkrieges starben in Deutschland über 700000 Menschen an Hunger. Nicht zuletzt dieses Elend unter der Zivilbevölkerung machte vielen die Sinnlosigkeit des Krieges deutlich und führte zur Revolution und zur Beendigung der Kampfhandlungen.

Auf dem Land herrschte während des Krieges zwar keine Hungers-

Auf den Höfen im Kieler Umland, hier in der Probstei, waren Marinesoldaten einquartiert, die gegen geringe Bezahlung von den Bäuerinnen verpflegt werden mußten. Für die Frauen war dies eine große zusätzliche Belastung während der Not des Krieges.

Mit massiver Propaganda wurden die Frauen zu vermehrter Arbeitsleistung angespornt. Ihre Mehrarbeit in der Landwirtschaft war ein Teil der „Schlacht an der Heimatfront", mit der die Lebensmittelproduktion im Deutschen Reich aufrecht erhalten werden sollte. Die „Durchhaltepostkarte" zeigt gleichzeitig deutlich, die schwere, ungewohnte Arbeitssituation, die das Bauernmädchen für ihr Vaterland auf sich nehmen mußte: Sie übernahm die typische Männerarbeit das Pflügens und hat statt des zweiten Pferdes, das für militärische Zwecke abgegeben wurde, einen Ochsen eingespannt.

not, aber auch hier mußte man tiefgreifende Einschränkungen hinnehmen. Der gerade erlangte Wohlstand der Gründerjahre wurde oft unwiederbringlich aufgegeben. Enorme Anstrengungen mußten unternommen werden, um die landwirtschaftlichen Betriebe aufrecht zu erhalten. Die Hauptarbeit lastete hierbei auf den Frauen. Die Bäuerinnen, ihre Töchter und Dienstmädchen übernahmen die

Arbeit von einberufenen Landwirten und Landarbeitern, tatkräftig unterstützt von Altenteilern oder anderen nicht kriegspflichtigen Verwandten aus der bäuerlichen Mehrgenerationsfamilie. Nur selten blieb ein Hof ganz ohne männliche Arbeitskräfte, zumal den sogenannten Kriegerfrauen für die Hofarbeit Kriegsgefangene zugewiesen wurden. Sie stammten oft selbst aus der Landwirtschaft und waren gerngesehene, preiswerte Arbeitskräfte. Sie waren in Gemeinschaftsbaracken untergebracht und mußten auf den Höfen lediglich verköstigt werden. Die Bäuerinnen überließen ihnen vor allem die Feldbestellung und den ihnen selbst wenig vertrauten Umgang mit den Pferden und den schweren Landmaschinen.
Trotzdem mußten die Frauen auf den Höfen während des Krieges in der Außenwirtschaft hart mit anpacken. Bei der Landarbeit mußte viel improvisiert werden, denn es fehlte an allem, besonders an Dünger, Saatgut und Futtermitteln, aber auch Ersatzteilen. Wegen der Beschlagnahme der Pferde mußten sogar Ochsen angespannt werden, ein in Norddeutschland sehr ungewohntes Arbeitstier. All diese Mißstände erschwerten die Lage der Frauen zusätzlich. In den ersten Kriegsjahren kamen allerdings die Bauern noch regelmäßig auf Urlaub. Besonders während der Ernte, gab es Extraurlaub, weil mit dem Einbringen des Getreides die Nahrungsmittelversorgung gewährleistet werden mußte. Bedrückend wurde die Situation der allein gebliebenen Bauersfrauen mit dem weiteren Kriegsverlauf und der zunehmenden Zwangsbewirtschaftung, denn oft waren sie dem Zugriff der Behörden wehrlos ausgesetzt. Die Sorge um die Männer im Krieg und die Verantwortung für Familie und Hof bedeutete eine große psychische Belastung.
Um den landwirtschaftlichen Betrieb aufrecht zu erhalten und die eigene Versorgung zu sichern, wurde überall auf den Höfen versucht, die Zwangsmaßnahmen zu unterlaufen. Getreide und Kartoffeln wurden vor den Kontrollbeamten versteckt, und die Bäuerinnen stellten heimlich Butter und Käse her, denn offiziell mußten alle produzierten Lebensmittel abgeliefert oder zumindestens registriert werden. Sie mästeten und schlachteten auch heimlich Schweine, deren Haltung streng reglementiert war, weil die Tiere in der Notzeit als Nahrungskonkurrenten der Menschen galten. Die auf diese Weise gewonnenen Lebensmittel dienten nicht nur dem eigenen Verbrauch in der Bauernfamilie, sondern auch dem

Nur durch gegenseitige Unterstützung und Selbsthilfe konnten die Frauen den Belastungen bei der Hof- und Hausarbeit während des Krieges standhalten, zum Beispiel hier beim Sortieren der Wäsche nach einem gemeinsamen Waschtag in der Probstei.

Viele Frauen aus der Landwirtschaft, insbesondere solche aus kleinbäuerlichen oder nebenerwerblichen Betrieben, wurden während des Kriege zusätzlich zu ihrer schweren Haus- und Hofarbeit zu kriegswichtigen Arbeitsdiensten herangezogen. Sie galten lediglich als Hausfrauen und mußten an die Stellen der zum Krieg einberufenen Männer treten, wie hier bei Gleisbauarbeiten an der Bahnstrecke bei Hohenwestedt.

Schwarzmarkt, auf dem man die dringend benötigten Betriebsmittel wie Werkzeuge oder Maschinenöl einzutauschen versuchte. Die Landbevölkerung, die Zugang zu den begehrten Lebensmitteln hatte, konnte sich damit aber bald auch andere Gebrauchs- und Luxusgüter aller Art einhandeln, denn die notleidenden Städter waren zu diesem ungleichen Tausch bereit, wenn damit nur der Hunger in ihren Familien gelindert werden konnte. Viele von ihnen zogen besonders gegen Kriegsende und auch in der ersten Nachkriegszeit als „Hamsterer" auf die Dörfer. Oft kam es auch zu Feldraub, und manche Bäuerin wurde unter massiven Drohungen zur Herausgabe von Kartoffeln oder Speck gezwungen. Um sich nicht knauserig zu zeigen und trotzdem die wertvollen Lebensmittel nicht herausrücken zu müssen, bereiteten viele Landfrauen für die Hamsterer besondere Speisen zu. Das waren meist Nahrungsmittel, an denen es in der eigenen Wirtschaft nicht mangelte, so zum Beispiel Quark aus Magermilch, die den Bauern ganz offiziell zur Verfügung stand, wenn sie ihre Vollmilch der Meierei ablieferten.

Die Bauernfamilien verfügten nicht nur über die Lebensmittel, die sie heimlich aus ihrer eigenen Wirtschaft abzweigten, ihnen stand außerdem auch offiziell ein höherer Verbrauch zu als der Stadtbevölkerung. Sie sollten damit motiviert werden, die landwirtschaftliche Produktion zu steigern. So war, obwohl es auch hier zu Engpässen kam, die Ernährungslage auf dem Land weitaus besser als in der Stadt. Dies führte unweigerlich zu Neid und Mißgunst und zu einer schweren Belastung des Stadt-Land-Gefüges. Die besseren Lebensverhältnisse auf dem Land hatten eine eindeutige soziale Aufwertung der ländlichen Lebenswelt zur Folge. Die städtisch-bürgerliche Kultur, die in der Vorkriegszeit in allen Lebensbereichen ein Vorbild für die Landbevölkerung war, verlor mit dem Schwinden des Wohlstandes ihren Reiz. Dies galt insbesondere für die konsumabhängige Hauswirtschaft. Die Landfrauen orientierten sich während der Kriegszeit – oft nicht ohne Stolz – wieder vermehrt an den Bedürfnissen der eigenen bäuerlichen Wirtschaft, die ihnen vor allem eine ungeheure Produktivität abverlangte. Mit der steigenden Bedeutung der Selbstversorgung wurde den Bäuerinnen wieder mehr berufliche Kompetenz zugestanden, die trotz der Kriegsnöte ihr Selbstbewußtsein stärkte.

Nachdem um die Jahrhundertwende die Flachserzeugung in Schleswig-Holstein bereits aufgehört hatte, wurde die Faserpflanze während des Krieges erneut angebaut. Sie diente einerseits der Selbstversorgung auf den Höfen, denn das Spinnen von Garn wurde in der Notzeit wieder aufgenommen. Andererseits wurde Flachs als industrieller Textilrohstoff gebraucht, da das Deutsche Reich von den überseeischen Baumwollimporten abgeschnitten und auf heimische Erzeugnisse angewiesen war. Die Flachsernte wie hier in der Probstei war eine reine Frauenarbeit.

Die Erntearbeiten wurden während des Krieges von Frauen, alten Männern, Kindern und Kriegsgefangenen verrichtet. Der Kriegsgefangene, hier ein Russe mit dem typischen weißen Kittel (dritter von rechts), wurde dem Hof zugeteilt, wenn der Bauer einberufen war. Er bekam von der Bauernfamilie sein Essen, Unterkunft hatte er in einer Gemeinschaftsbaracke mit anderen Gefangenen.

Die Hauswirtschaft im Krieg

Der bäuerliche Haushalt war während der Kriegszeit vor allem durch den Mangel an Konsumgütern geprägt. Wie in der Stadt war auch auf dem Land das Warenangebot bis auf ein Minimum eingeschränkt. Betroffen waren alle häuslichen Verbrauchsgüter, allen voran Lebensmittel, aber auch Textilien und Haushaltswaren wie zum Beispiel Waschmittel. Zunächst fehlte es nur an Kolonialwaren – darunter jedoch auch Grundnahrungsmittel wie Reis – so daß auf heimische Nährmittel zurückgegriffen werden mußte. Bald wurden aber auch Fett, Fleisch und Mehl knapp und waren nur noch über Lebensmittelkarten erhältlich. Lediglich Zucker gab es in den ersten Kriegsjahren noch im Überschuß. Mit ihm konnte das reichlich geerntete Obst konserviert werden. Marmeladen und Fruchtmus als Brotaufstrich gehörten daher zu den wichtigsten Lebensmitteln des Krieges.

Während die städtischen Hausfrauen durch die Engpässe oft der Not ausgeliefert waren, hatten die Landfrauen viele Möglichkeiten zur Selbsthilfe, weil sie die traditionelle bäuerliche Eigenversorgung wiederaufnehmen konnten. Die meisten vorindustriellen Techniken, wie das Butter- und Käsemachen oder das Spinnen und Weben, die während des gründerzeitlichen Wohlstandes der Vorkriegsjahre von den Frauen aufgegeben worden waren, ließen sich leicht wiederbeleben. Sie waren vor allem den älteren Landfrauen noch geläufig, und manch altes Gerät war noch auf den Höfen zu finden. Auch im Handel wurden entsprechende Gerätschaften während des Krieges wieder angeboten, so zum Beispiel Spinnräder, Butterfässer oder Backöfen.

Fast alle Produkte wurden aus Rohstoffen der eigenen Landwirtschaft hergestellt. Die Bäuerinnen und ihre Mädchen schroteten Getreide, um wieder eigenes Brot zu backen, sie schlachteten und räucherten selbst, spannen Wolle und Flachs, der ebenfalls wieder vermehrt angebaut wurde, sie trockneten Kartoffelmehl, und sie kochten Seife zum Wäschewaschen. Die ländliche Hauswirtschaft nahm während des Krieges in vieler Hinsicht wieder vorindustrielle Formen an, allerdings auch hier unter dem Vorzeichen der Mangelwirtschaft. Selbst im selbstversorgerischen Haushalt spürten die

Schon im ersten Kriegsjahr zeichnete sich eine bedrohliche Verknappung der Lebensmittel in Deutschland ab, so daß eine strenge behördliche Rationierung vorgenommen werden mußte. Jede Famile bekam bei der Kartenausgabestelle, wie hier in Rendsburg, die Bezugsscheine zugeteilt. Bauernfamilien bekamen eine besonders hohe Ration, weil sie als Erzeuger von Lebensmitteln kriegswichtige Aufgaben erfüllten.

Die Stadtbevölkerung litt während des Krieges bittere Not. In Gemeinschaftsküchen, hier in Rendsburg, wurde Suppe für die hungernden Menschen gekocht, meist auf der Grundlage von Steckrüben, dem einzigen ausreichend vorhandenen Lebensmittel. Auf dem Land dagegen war die Ernährung gesichert, wenn auch unter etlichen schmerzlichen Einschränkungen.

Landfrauen die Verknappung der Rohstoffe durch die Zwangsabgabe und die rückläufige landwirtschaftliche Produktivität. Hausgarten und Geflügelhof lieferten ebenfalls nicht mehr genügend Lebensmittel, weil es an Saatgut und Futter fehlte. Auch mangelte es an Hilfsmitteln für die Hauswirtschaft, so waren zum Beispiel keine brauchbaren Einweckgummies mehr zu haben, oder es gab gegen Kriegsende keinen Zucker zum Marmeladekochen mehr. All dies erschwerte die ohnehin mühsame Arbeit der Eigenversorgung. Zudem fehlte es den Bäuerinnen an Hilfskräften, denn man verzichtete möglichst auf Personal, das auf dem Hof verköstigt werden mußte. So ließ man manches junge Mädchen nicht ungern in die städtischen Rüstungsbetriebe abziehen. Ihre Arbeit mußte von der Bäuerin übernommen werden.

Nicht nur die arbeitsintensive Selbstversorgung der eigenen Familie und die Sorge um die Hofwirtschaft belastete die Bäuerinnen während der Kriegsjahre, sondern auch die agrarpolitischen Forderungen, die an sie gestellt wurden. Die Landfrauen wurden von behördlicher Seite massiv zur Sicherstellung der Lebensmittelversorgung herangezogen. Die heimische Landwirtschaft mußte ihre Erzeugung in allen Betriebszweigen steigern, um die Ernährung der Bevölkerung zu gewährleisten. Dies galt insbesondere für den hauswirtschaftlichen Bereich, denn während die außenwirtschaftliche Produktion aufgrund fehlender Futter- und Düngemittel immer mehr stagnierte, erhoffte man im innenwirtschaftlichen Arbeitsbereich der Landfrau neue Kapazitäten zu erschließen. Die Bemühungen der Kriegsernährungsämter galten vor allem der Förderung von Gartenbau und Geflügelzucht, die auf den Höfen bisher hauptsächlich dem privaten Verbrauch gedient hatten. Die Not des Krieges machte die volkswirtschaftliche Relevanz dieser häuslichen Produktionssphären deutlich. In einer groß angelegten Kampagne wurden die Frauen in Stadt und Land über Methoden der Obst- und Gemüseverwertung und Konservierung belehrt. An die Bäuerinnen ergingen Aufrufe, ihr Geflügel sorgsam zu behandeln und zum Beispiel nicht, wie bisher üblich, die Legehühner wegen der Mauser zu schlachten.

Um die Erzeugnisse der Landfrauen den städtischen Verbrauchern zuzuführen, regten die Behörden die Einrichtung von Verkaufsstellen durch Landwirtschaftliche Hausfrauenvereine an. Solche Land-

frauenorganisationen hatten sich vereinzelt bereits in der Vorkriegszeit in großbäuerlichen und gutswirtschaftlichen Kreisen gebildet, um die ländliche Hauswirtschaft zu fördern. Während des Krieges wurden sie in verschiedenen Landkreisen auf Betreiben der Landräte gegründet. Vor allem in stadtnahen Regionen, so besonders im Kieler und Neumünsteraner Umland entstanden landwirtschaftliche Hausfrauenvereine mit eigenen Läden oder Verkaufsstellen. Die Landfrauen mußten sich verpflichten, ihre Gartenerzeugnisse und die Produkte aus der Hauswirtschaft ausschließlich hierhin und zu festgesetzten Preisen abzugeben.
Um die ländliche Hauswirtschaft den kriegswirtschaftlichen Erfordernissen anzupassen, wurden die Hauswirtschaftslehrerinnen der Wanderschulen in Kriegslehrgängen des Landwirtschaftsministeriums in Berlin fortgebildet. Sie sollten danach in den Dörfern vor allem auf einen sparsamen Umgang mit den knapp gewordenen Lebensmitteln hinwirken. Die Dithmarscher Wanderschullehrerin Frieda Lütkens zum Beispiel verfaßte und veröffentlichte sogar ein eigenes „Kriegs-Kochbuch". Ihre Rezepte enthielten vor allem wenig Fleisch, Eier und Vollmilch sowie fast keine Kolonialwaren. Sie wies ausführlich auf die Verwendung von „Ersatzlebensmitteln" hin, so etwa auf den Gebrauch von geriebenen Kartoffeln oder Rübenschnitzeln zum Backen. Auch die langjährige Leiterin der Haushaltungsschule Hademarschen, Ella Orth, verfaßte während der Kriegszeit ein Kochbuch, das bis in die 30er Jahre hinein, mit dreizehn immer wieder modernisierten Auflagen, das Standardwerk für die ländliche Küche Schleswig-Holsteins blieb.
Sparsames Haushalten wurde zur obersten Prämisse in der Mangelwirtschaft und für die Frauen zu einer „vaterländischen Pflicht". Sie mußten dazu allerdings über grundlegende Kenntnisse vom effektiven Umgang mit Haushaltswaren verfügen. Vor allem mußten sie über die Nähr- und Inhaltsstoffe der einzelnen Lebensmittel Bescheid wissen und über deren schonende Behandlung bei der Zubereitung. Nährwert- und Kalorientabellen kamen in Umlauf, sie waren zum Beispiel auch dem Kochbuch der Ella Orth beigefügt. Damit wurden während des I. Weltkrieges erste Versuche unternommen, die Küchen- und Hausarbeit nach ökothrophologischen Erkenntnissen auf eine wissenschaftliche Basis zu stellen. Es wurde damit eine Entwicklung eingeleitet, die auch in den Folgejahren zu

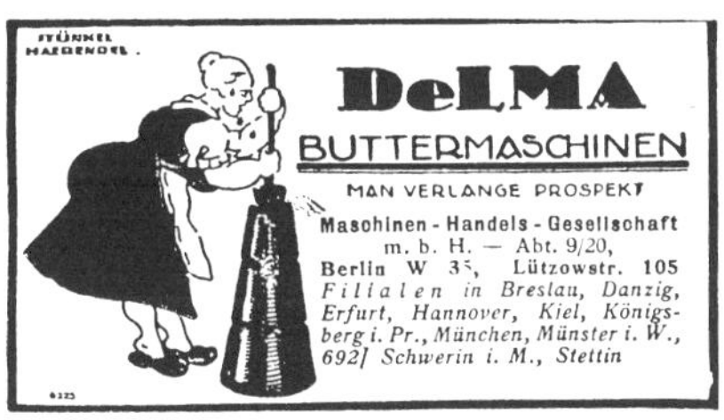

Auf dem Land nutzte man während der Kriegszeit die Möglichkeiten der Selbstversorgung, um den Mangel an Lebensmittel auszugleichen. Die Bäuerinnen griffen auf die alten, längst abgelegten Haushaltstechniken zurück und backten wieder eigenes Brot, stellten Butter und Käse her oder spannen Garn für die Textilherstellung. Die Gerätschaften hierzu wurden im Handel angeboten, wie die Anzeigen aus dem Landwirtschaftlichen Wochenblatt zeigen.

Sonntagsbraten 1917.

Man nehme die Fleischkarte, wälze sie in der Eierkarte und brate sie in der Butterkarte schön braun. Die Kartoffel- und Gemüsekarte dämpfe man schön weich und verdicke sie mit der Mehlkarte. — Als Nachtisch brühe man die Kaffeekarte auf, gebe die Milch- und Zuckerkarte dazu und tauche die Brotkarte hinein. — Nach dem Essen wasche man die Hände mit der Seifenkarte und trockne sie am Bezugschein ab.

* * *

Aber — wir Deutschen halten durch!
Wir tun es gerne!

Mit bitterer Ironie begegnete man der Lebensmittelnot in der „Durchhaltepropaganda". Mit derartigen Postkarten oder Plakaten wurde die Bevölkerung immer wieder aufgerufen, Hunger und Strapazen fürs Vaterland auf sich zu nehmen. 1918 waren weder die Soldaten noch die Zivilbevölkerung mehr dazu bereit und mit der Revolution wurde der Krieg beendet.

einer umfassenden Modernisierung und Professionalisierung der Hauswirtschaft führte.
Der Krieg bewirkte also nicht nur die Rückbesinnung der Landfrauen auf die traditionellen selbstversorgerischen Arbeitsweisen, sondern er machte auch eine hauswirtschaftliche Effektivität und Fortschrittlichkeit nötig. Im Haushalt war eine ungeheure Leistungsbereitschaft gefordert, die von da an nachhaltig das Berufsethos der Bäuerinnen prägte. Die Vorkriegsentwicklung, in der Repräsentation und Konsum in der ländlichen Hauswirtschaft groß geschrieben worden waren, brach vollständig ab.

Die Zeit der Weimarer Republik

Das Ende des Krieges führte auf dem Land in keiner Weise wieder zurück zu den Verhältnissen der Vorkriegszeit. Agrarischer Wohlstand und Wirtschaftsaufschwung waren vollständig zum Erliegen gekommen. Die landwirtschaftliche Produktion lag weit unter dem Vorkriegsniveau, die Ernteerträge waren extrem niedrig. Um die Lebensmittelversorgung der Bevölkerung zu gewährleisten, blieben die Maßnahmen der Zwangsbewirtschaftung auf dem Agrarsektor bis weit in die 20er Jahre in Kraft. Die unternehmerische Initiative und die Verdienstmöglichkeiten der Bauern waren damit weiterhin stark eingeschränkt.

Die ersten agrarpolitischen Reformen der neuen Regierung hatten vor allem sozialen Charakter. Sie dienten der Bodenreform und der Verbesserung der Lage der Landarbeiter. Durch die Aufsiedlung von Großgrundbesitzungen und Gütern wurde die Zahl der Kleinbauernstellen auch in Schleswig-Holstein enorm angehoben. Es waren Wirtschaften mit oft weniger als fünf Hektar Land, die kaum zur Versorgung einer Familie reichten.

Eine Wiederbelebung der deutschen Agrarwirtschft nach dem Krieg war zunächst der Inflation zu verdanken, die die Ablösung aller landwirtschaftlichen Kredite aus der Vorkriegszeit mit nunmehr wertlosem Papiergeld ermöglichte, ebenso wie die Finanzierung der notwendig gewordenen Reparaturen auf den Höfen und die Aufstockung des Viehbestandes. Mitte der 20er Jahre lagen die landwirtschaftlichen Erträge wieder auf dem Niveau der Vorkriegzeit. Um den Standard zu halten, waren jedoch weitere Investitionen möglich, und es kam zu Neuverschuldungen, nun allerdings auf einem relativ hohen Zinsniveau. Als die Agrarpreise aufgrund internationaler Überproduktionen und Absatzschwierigkeiten sanken, trieb die Last dieser Kredite viele bäuerliche Betriebe in den wirtschaftlichen Ruin. Durch hohe Steuerschulden kam es zu Pfändungen und Zwangsversteigerungen von Vieh, Inventar und ganzen Höfen. Auf diese behördlichen Angriffe auf die „Substanz" ihrer Höfe reagierten die Bauern mit massiven Protestaktionen, vom Aufruf zum Steuerboykott bis hin zu Sprengstoffanschlägen. Die Landvolkbewegung, die sich gegen die staatlichen Zwangsmaß-

nahmen und die Weimarer Agrarpolitik wendete, fand 1928 ihren Höhepunkt in einer Massendemonstration von 140 000 Bauern in Neumünster. In der bäuerlichen Bevölkerung kam es zu einer deutlichen Politisierung, von der auch die Landfrauen und ihre Organisationen nicht ausgeschlossen waren.
Trotz großer wirtschaftlicher Schwierigkeiten war die Situation der Bauern während der Weimarer Republik in vielerlei Hinsicht doch sehr viel besser als die der Stadtbevölkerung. Hier herrschten Arbeitslosigkeit, Hunger und Wohnungsnot, die die Städter auch nach Kriegsende immer wieder zwangen, in den umliegenden Dörfern nach Lebensmitteln zu betteln oder um Arbeit nachzufragen. Sie hatten wenig Verständnis für die Sorgen der Landwirte und so wuchsen die mentalen und politischen Gegensätze von Stadt und Land weiter.
Als auf den Höfen das Geld knapp wurde, mußte von allen Mitgliedern der bäuerlichen Familien ein enormer Arbeitseinsatz gefordert werden, um die Existenz der Betriebe zu sichern. Vor allem an Personalkosten sollte gespart werden. Diese Mehrarbeit in den Familien leisten vorwiegend die Frauen, also die Bäuerinnen und ihre Töchter. Statistiken zeigen, daß die Zahl der mitarbeitenden weiblichen Familienangehörigen auf den Bauernhöfen 1925 mehr als doppelt so hoch war als in der Vorkriegszeit. Viele junge Mädchen vom Land, die ehedem in städtischen Haushalten oder in den Fabriken einem eigenen Erwerb nachgegangen waren, wurden nun zu Hause gebraucht. Sie hätten bei der hohen Arbeitslosigkeit ohnehin nur noch schwer eine Anstellung gefunden. Auf den Höfen übernahmen sie nicht nur die Hausarbeiten, sondern packten auch im Stall und auf dem Feld mit an. Statt sich wie vor dem Krieg am feinen bürgerlichen Lebensstil zu orientieren, mußten sie sich nun nach den Erfordernissen des landwirtschaftlichen Betriebes richten. Das Melken und das Füttern des Viehs waren zwar noch immer verpönt, aber die Landarbeit wurde nun als Notwendigkeit akzeptiert.
Die Arbeitstage der Frauen in der Landwirtschaft waren enorm lang, meist sehr viel länger als die der Männer, weil die Bäuerinnen noch vor und nach der eigentlichen Landarbeit den Haushalt versorgen mußten. Auf den mittelständischen Höfen lagen ihre täglichen Arbeitszeiten bei durchschnittlich 14 bis 15 Stunden, in den

Während der Landwirtschaftskrise der 20er Jahre konnte auf den Bauernhöfen kaum Geld für Personal erübrigt werden und die Arbeit wurde hauptsächlich von Familienangehörigen verrichtet. Auch das Melken, das immer als Gesindearbeit galt, mußten die Bäuerinnen und ihre Töchter nun selbst übernehmen.

Auch bei der Feldarbeit wurden in den 20er Jahren wieder vermehrt Frauen eingesetzt. Während der Agrarkrise geriet die landwirtschaftliche Mechanisierung ins Stoppen und viele Erntearbeiten wurden weiterhin in traditioneller Weise von Hand verrichtet.

Auf den kleineren Höfen war die Heuernte Familienarbeit. Die Kinder wurden mit aufs Feld genommen. Auch hierbei wurde eine strikte Arbeitsteilung eingehalten: Das Aufstaken des Heus war Männerarbeit, das Zusammenharken und das Packen auf dem Wagen verrichteten die Frauen.

Während der Ernte waren die Frauen doppelt belastet, denn sie mußten neben der Feldarbeit noch fürs Essen sorgen. Oft wurde am Vorabend oder in den frühen Morgenstunden vorgekocht und die Hausarbeit verrichtet.

Kleinbetrieben bei 17 Stunden und mehr. Hier verrichten die Bäuerinnen wesentlich mehr rein landwirtschaftliche Arbeiten, und die Schwere der Arbeit führte oft zu einer völligen Überanstrengung der Frauen. Gerade auf den kleinen Siedlerstellen, wo die Männer noch einem anderen Erwerb nachgehen mußten, lastete die gesamte Landarbeit zusätzlich zum Haushalt auf den Schultern der Frauen. Aber auch auf den mittelständischen Höfen wurden die Bäuerinnen wieder vermehrt zur Arbeit auf den Feldern herangezogen. Bei der Erntearbeit lernten sie sogar, leichtere Landmaschinen zu bedienen. Durch die Intensivierung des Hackfruchtbaus in den 20er Jahren fielen auf den Äckern immer mehr Handarbeiten an, die von Frauen verrichtet wurden, etwa das Rübenhacken oder das Kartoffel-

Neben der vermehrten Feldarbeit mußten die Bäuerinnen auch im Haushalt harte Arbeit leisten. Die Selbstversorgung mit Lebensmitteln, die im Krieg wiederbelebt worden war, blieb auch in den 20er Jahren die Grundlage der bäuerlichen Familienernährung. Auf allen Höfen wurde weiterhin selbst gebacken und geschlachtet.

Manche Bäuerin (Bild rechts) „plümperte" noch in den 20er Jahren hofeigene Butter auf ganz traditionelle Weise. Dies sollte jedoch die Ausnahme sein, denn die Landfrauen waren bestrebt ihre Arbeit möglichst rationell und effektiv zu gestalten. An vielen Höfen ging die hauswirtschaftliche Modernisierung jedoch vorbei, weil weder Geld noch Zeit für die Einführung neuer Techniken übrig waren.

Auf kleinen Höfen waren die landwirtschaftlichen Einkünfte oft so gering, daß dort nach Nebenerwerbsmöglichkeiten gesucht wurde. Schleswig-holsteinische Siedler versuchten sich mit der Zucht von Seidenraupen oder Angorakaninchen, die sogar durch staatliche Agrarprogramme gefördert wurde. Das Spinnen der Angorawolle war die Arbeit der Frauen.

lesen. Selbst, wenn beim Hackfruchtbau Maschinen eingesetzt wurden, so blieben die Tätigkeitsbereiche der Frauen zunächst von der Rationalisierung unberührt. Die Kartoffelroder der 20er Jahre waren beispielsweise nur Halbautomaten, die die Knollen lediglich aus der Erde holten, aufgelesen werden mußten sie anschließend von Hand.

Vor allem in der Milchwirtschaft wurden wieder mehr weibliche Kräfte aus der eigenen Familie eingesetzt. Meist übernahmen die Bauerntöchter die Melkarbeit, zu der auch der oftmals mehrere Kilometer lange Transport der schweren Milchkannen von der Koppel zum Hof gehörte. Die Entwicklung von Melkmaschinen in den späten 20er Jahren sollte den Frauen die Melkarbeit erleichtern und es möglich machen, auch in großen Milchviehbeständen auf teures Personal zu verzichten. Zu einer flächendeckenden Einführung solcher Maschinen kam es jedoch erst nach dem II. Weltkrieg.

In den Großbetrieben widmeten sich die Landfrauen trotz der angespannten Lage weiterhin vorwiegend der Hauswirtschaft. Aber auch in diesem Bereich wurden sehr viel höhere Anforderungen an sie gestellt als in der Vorkriegszeit, weil sie weniger Personal hatten und trotzdem mehr produzieren sollten. Denn auch nach dem Krieg war der Anteil der hauswirtschaftlichen Selbstversorgung hoch. Es fehlte auf den Höfen an Geld, um wieder am Warenkonsum teilzuhaben. Die haushälterische Tätigkeit der Frauen beschränkte sich weiterhin auf die Verwaltung des Mangels und es blieb dabei, daß die Bäuerinnen hauptsächlich hofeigene Produkte im Haushalt verarbeiteten. Wie während des Krieges backten die Hausfrauen eigenes Brot, und auch Hausschlachtungen und die hofeigene Fleischverarbeitung gehörten obligatorisch zu ihren Arbeitsfeldern. Zur Versorgung der Familie wurde zudem der Gartenbau erheblich erweitert und die Geflügelhaltung als landwirtschaftlicher Nebenerwerb intensiviert. In allen hauswirtschaftlichen Betriebszweigen versuchten die Landfrauen rationell und effektiv zu arbeiten. Sparsamkeit und Leistungsbewußtsein waren die Losung der ländlichen Hauswirtschaft in den 20er Jahren.

Trotz – oder gerade wegen – der steigenden Arbeitsbelastung der Frauen blieben die traditionellen Geschlechterrollen und die Arbeitsteilung zwischen Mann und Frau in der bäuerlichen Wirtschaft

weitgehend erhalten. Die Bäuerinnen verrichteten nach wie vor die gesamte Hausarbeit, auch wenn sie viel öfter mit aufs Feld und in den Stall mußten. Bei der Zusammenarbeit von Männern und Frauen waren die Zuständigkeiten streng geregelt. Auf den kleineren Höfen, wo der Haushalt vielfach vernachlässigt werden mußte, leisteten die Frauen weitgehend die untergeordneten Arbeiten, oft gekennzeichnet durch Eintönigkeit, gebückte Körperhaltung und das Tragen schwerer Lasten. Auf großen Höfen stand die Bäuerin eher selbstbewußt ihrer Hauswirtschaft vor. Hier entwickelte sich der Haushalt mit seiner intensiven Geflügelhaltung und dem umfangreichen Gartenbau zu einem eigenständigen Betriebszweig, den die Landfrau auf professionelle Weise leitete. Ihre berufliche Qualifikation und ihre Fachkompetenz machten sie zu einer gleichberechtigten Partnerin des Bauern.
Wegen des verstärkten Einsatzes der Frauen in der Agrarproduktion während der Weimarer Republik spricht man auch von einer „Verweiblichung" der Landwirtschaft. Die Frauen und Mädchen waren wieder stärker in die bäuerliche Arbeitswelt eingebunden und mußten sich – notgedrungen – mehr mit dem ländlichen Leben identifizieren.

Die Lebensmittelzubereitung und -konservierung waren die wichtigsten Aufgaben der Bäuerinnen. Ihnen widmeten sie den größten Teil ihres Arbeitsalltags. Die tägliche Zubereitung der Mahlzeiten nahm viel Zeit in Anspruch, weil alles selbst gemacht wurde. Aufwendig war auch die Vorratshaltung, also das Einmachen von Obst und Gemüse und das Einschlachten und Wurstmachen.

Den ganzen Sommer lang wurden Obst und Gemüse eingemacht. Erbsen waren ein sehr beliebtes Feingemüse, das in großen Mengen im Garten oder sogar auf dem Feld angebaut wurde. Ganze Waschwannen voll mußten zum Einwecken ausgepahlt werden, eine einfache, aber zeitraubende Arbeit, die gern in Gesellschaft verrichtet wurde.

Arbeitsalltag der 20er Jahre

Je nach der wirtschaftlichen Lage der Höfe gestaltete sich die Arbeit der Bäuerinnen überall recht unterschiedlich. Die soziale Spannbreite innerhalb der Bauernschaft Schleswig-Holsteins war groß und reichte von der ärmlichen Siedler- oder Kätnerstelle mit nur wenigen Morgen Eigenland bis zu Großbauernstellen und Gutsbesitzungen von mehreren hundert Hektar Größe. Entsprechend unterschiedlich waren auch die hauswirtschaftliche Ausstattung der Höfe und die Arbeitsbelastung der Frauen. Während manche Kleinbäuerin noch immer in der Diele ihrer alten Kate auf dem offenem Feuer kochte, leitete die großbäuerliche Landfrau in einem modern ausgestatteten Haushalt mehrere junge Mädchen bei der Arbeit an. Auch regionale Unterschiede machten sich bemerkbar; die Frauen in entlegenden Gegenden, etwa auf den nordfriesischen Inseln, waren oft vom hauswirtschaftlichen Fortschritt abgeschnitten.

Die Tätigkeitsfelder und Zuständigkeiten der Bäuerinnen in der ländlichen Hauswirtschaft der 20er Jahre waren jedoch überall ähnlich. Die Professionalisierung der Landfrauenarbeit hatte zu einer gewissen Normierung der Arbeitsverrichtungen geführt. Sie bestanden in der Essenzubereitung, in der Reinhaltung von Wäsche und Wohnung, in Gartenbau und Geflügelhaltung und in der Beteiligung der Frauen an verschiedenen außenwirtschaftlichen Arbeiten wie Melken oder Hilfe bei der Ernte. Dieser Arbeitskanon bestimmte den landfraulichen Alltag und den Jahreslauf. Manche Tätigkeiten wurden täglich verrichtet, andere nur saisonweise.

Der Arbeitstag der Frauen, die oft als erste in der Familie aufstanden, begann mit dem Anheizen des Küchenherdes. Auf großen Höfen war dies die Aufgabe der Mädchen, auf kleineren machte es die Bäuerin selbst. Sie mußte auch für Brennmaterial und Kleinholz sorgen, das immer neben dem Herd bereit stehen sollte. Wenn das Kaffeewasser aufgesetzt war, begann im Stall die Melkarbeit und das Tränken der Kälber. Im Sommer, wenn das Vieh auf weiter entfernten Weiden gemolken wurde, mußte dies von einem Mädchen übernommen werden, weil die Wege weit waren, und die Milch schon früh am Morgen zur Anlieferung bei der Meierei bereit stehen

Großreinmachen

2mal im Jahr wird alles gründlich reingemacht, im Frühjahr besonders, aber auch im Herbst. Im Frühjahr beginnt man beim Großreinmachen mit dem Schubladen-Ausräumen und Aussamen, denn es würde zu lange aufhalten, wenn man es mit dem Stube-Reinemachen vereinigen wollte. Scheint nun ein Tag schön sonnig zu werden, nimmt man die Schlafstube zuerst vor. Wenn man alle überflüssigen Möbelstücke ausgeräumt hat, der Bettinhalt kommt ganz nach draußen, dann fegt man das Zimmer aus. Die Möbel werden alle mit Spirituswasser abgeledert. Die Türen und Fenster werden mit Salmiakwasser oder Seifenwasser gereinigt, der Linoleumfußboden wird mit Seifenwasser aufgescheuert. Wenn er trocken ist, wachst man ihn ein und räumt alles wieder ein. Dann werden noch die Spiegel, Bilder und Fenster mit Salmiak und Spirituswasser abgeledert. Die Schlafstuben sind fertig und nun geht´s an die Wohnstuben. Sie werden genau wie die Schlafstuben behandelt. Der Teppich wird mit Salmiakwasser oder der Flüssigkeit, die auf dem eingemachten Sauerkohl steht, gründlich abgebürstet, nachdem er geklopft ist. Die Sessel und Sofas werden draußen geklopft. Alle Decken, Vorhänge und Gardinen werden in die Wäsche gegeben. Hat man Öfen in den Zimmer, so wartet man gerne so lange mit dem Großreinmachen, bis das Heizen vorbei ist, damit man den Ofen gleich für den Winter in Ordnung machen lassen kann. Die Parkett- und Pitchpinefußböden werden mit Stahlspänen aufgerieben und nicht naß behandelt. Sind alle Stuben fertig, so kommen die Flure, Vordielen und das Treppenhaus an die Reihe. Darauf werden die Keller und Speisekammern reingemacht. Mit dem Küchen-Reinmachen schließt man die Frühjahrsreinigung ab. Man sollte nicht vergessen, die Woll- und Wintersachen gut einzumotten.

Gardinen aufstecken

Da es sehr viel Anstrengung kostet, mit hochgehobenen Armen auf einem Tritt zu balanzieren, um Gardinen aufzustecken, hole ich mir das Gardinenbrett herunter und lege es über zwei Stühle. Nachdem ich ein sauberes Laken darunter gelegt habe und ich die Gardinen darauf gelegt habe, kann ich mit dem Aufstecken beginnen. Ich muß darauf achten, daß ich die Gardinen in gleichmäßigen Abständen befestige, die Kappen stecke ich zuletzt an. Wenn ich diese dann auch schön gleichmäßig angebracht habe, lege ich mein Gardinenbrett wieder auf.

Türen seifen

Die Türen werden entweder mit Salmiakwasser oder flauem Seifenwasser gereinigt. Man nimmt hierzu eine schöne, weiche Bürste, damit man gut in die Ritzen und Fugen dringen kann. Eine Tür muß naß gemacht werden, bevor man mit dem Salmiak- oder Seifenwasser aufzubürsten beginnt, da die Tür sonst streifig werden würde. Darauf wird die Tür mit klarem Wasser nachgebürstet und abgeledert.

(Aus dem Lehrlingsmerkbuch der A. M. Magens, 1933–1934

Auch das Putzen unterlag strengen Regeln. Durch das zentral organisierte Ausbildungswesen für den ländlichen Haushalt kam es zu einer gewissen Normierung der Arbeitsgänge, die allen Hausfrauen geläufig waren. Beim Wohnungsputz wurden viele verschiedene Reinigungsmittel verwendet, um auf den unterschiedlich beschafften Oberflächen optimalen Glanz zu erzielen.

Das Fensterputzen war eine hauswirtschaftliche Arbeit, der besondere Aufmerksamkeit gewidmet wurde, denn saubere Fenster galten als „Visitenkarte des Hauses".

Alle drei bis vier Wochen wurde gewaschen, und zwar Kleidung, Bett- und Tischwäsche des ganzen Hausstandes. Waschmaschinen gab es auf dem Land erst selten, und so wurde alles mit der Hand gerubbelt. Die Arbeit wurde nach Möglichkeit im Freien verrichtet, die großen Wassermengen waren dort leichter zu handhaben.

mußte. Im Winter, wenn nicht so viel Arbeit anstand, verzichtete man auf kleinen Höfen auf das Melkpersonal. Das Füttern des Viehs übernahmen die Männer. Waren die Tiere versorgt, mußte das Frühstück bereitet werden, Kinder wurden geweckt und auf den Schulweg geschickt. Die Vormittagsarbeit der Landfrauen gestaltete sich nach den jahreszeitlichen Bedürfnissen. Wenn Zeit dazu war, wurde Hausarbeit verrichtet, meist ein kurzes Bettenmachen, Fegen und Durchputzen. Danach ging's in den Garten oder vielleicht in den Hühnerstall. Wo eine intensive Geflügelhaltung betrieben wurde, war die Betreuung der Tiere recht aufwendig. Auch der

Zum Frühjahrsputz wurden alle Möbel aus dem Haus getragen und gründlich ausgeklopft und abgewaschen.

Verkauf der Geflügelprodukte machte Arbeit, die Eier mußten sortiert und verpackt werden oder Hühner geschlachtet und gerupft werden. Am späten Vormittag bereitete die Hausfrau das Mittagessen. Die Mahlzeiten wurden pünktlich eingehalten, und jeder auf dem Hof richtete seine Arbeit danach aus. Nach dem Abwasch wurde nach Möglichkeit eine kurze Mittagsstunde gehalten und am Nachmittag widmeten sich die Frauen je nach Bedarf wieder einer Saisonarbeit. Im Sommer waren das oft auch Feldarbeiten, wie Rübenhacken, meist aber Gartenarbeit. Im Winter wurde viel genäht oder Ausbesserungsarbeiten vorgenommen, bis die Frauen erneut zum Melken mußten. Dann wurde das Abendessen zubereitet und

Nicht nur das Haus wurde im Frühjahr gründlich geputzt, sondern auch alle Gerätschaften aus dem Geflügelstall und dem Garten mußten gereinigt

und überholt werden. Säcke wurden ausgeklopft, Fensterrahmen gestrichen und die Gartengeräte gesäubert und repariert.

In den 20er Jahren wurde noch fast überall von Hand gemolken. Melkmaschinen gab es erst auf ganz wenigen Höfen. Eine gute Melkerin molk zweimal täglich jeweils etwa acht bis zehn Kühe.
Zu den milchwirtschaftlichen Arbeiten der Frauen gehörte täglich der sorgsame Abwasch der Milchkannen, Siebe und Eimer, denn die Meierei stellte höchste Hygieneansprüche.

nach dem letzten Abwasch noch eine Handarbeit vorgenommen. Die Bäuerinnen widmeten sich nebenbei auch familienfürsorgerischen Arbeiten. Um die Erziehung der Kinder wurde zumindest auf den kleinen Höfen nicht viel Aufhebens gemacht, die Altenpflege dagegen, die durch einen Abnahmevertrag fest geregelt war, machte den Bäuerinnen oft viel Arbeit.
Das Wochenende unterbrach den Alltag kaum. Die Familie und das Vieh wurden wie sonst auch versorgt. Außerdem mußten in Vorbereitung des Sonntages sogar noch besondere Arbeiten verrichtet werden, etwa das Fegen des Hofplatzes, das Harken der Wege und die Zubereitung von Sonntagsessen und Kuchen. Der Sonntagnachmittag galt jedoch allgemein selbst der eingespannten Bäuerin als Mußestunde.
Der Arbeitsalltag war immer wieder unterbrochen von regelmäßig wiederkehrenden Tätigkeiten wie Brotbacken oder Wäschewa-

schen. Sie waren sehr aufwendig, vor allem die Wäsche, die etwa alle vier Wochen vorgenommen wurde. Sie nahm einen ganzen Arbeitstag in Anspruch, und meist half eine Waschfrau dabei. Durch die unterschiedlichen Saisonarbeiten war die Arbeitsbelastung der Frauen jahreszeitlich sehr verschieden. Vor allem der Garten, der für die Selbstversorgung der Familie eine so große Rolle spielte, bestimmte den Arbeitstag der Landfrau. Im Winter ging es meist ruhiger zu bis im Frühjahr die ersten Gartenarbeiten anstanden. Im Februar wurden die Obstbäume beschnitten und Ende März die Frühbeetkästen und die ersten Saatbeete vorbereitet. Bevor die Gartensaison richtig begann, wurde noch ein gründlicher Hausputz vorgenommen. Der Frühjahrsputz stand immer am Ende der Heizperiode, damit auch die Öfen gereinigt werden konnten und aller Ruß und Staub aus dem Haus entfernt wurde. Auch die Hühnerställe wurden im Frühjahr einmal gründlich gesäubert. Während der Hauptsaat- und Pflanzzeit im Garten mußten die Frauen außerdem oft auf dem Feld die Kartoffeln legen. Im Mai kamen dann die Kühe auf die Weiden, so daß viele Stallarbeiten ein Ende hatten. Nun waren allerdings die Wege zum Melken weit und der Transport der vollen Milchkannen machte viel Mühe. Im Frühsommer, nach dem Auflaufen der Pflanzen mußten Garten und Acker von Unkraut befreit werden. Die Rüben auf dem Feld mußten verzogen werden und die Kartoffeln angehäufelt. Gleichzeitig begann im Garten bereits die Erntesaison und damit die Einmachzeit. Nach Rhabarber und Spargel wurden die Erbsen eingeweckt. Sie wurden in großen Mengen angebaut und das Auspahlen war eine langwierige Arbeit, die die Frauen des Hofes oft gemeinsam verrichteten.
Auf dem Feld stand nun auch die Heuernte an, bei der die Bäuerin und ihre Mädchen helfen mußten. Nebenbei reiften weitere Gartenfrüchte, vor allem das Beerenobst, das zu Saft verarbeitet wurde. Bei der Getreideernte war die Mitarbeit der Frauen abhängig von der technischen Ausstattung des Hofes. In den 20er Jahren wurde aber noch vielfach mit der Sense gemäht und die Garben von Hand gebunden und in Hocken gestellt. Auf solchen Höfen waren die Frauen oft den ganzen Tag mit auf dem Feld und mußten abends noch den Haushalt versorgen. Überall war die Erntesaison die arbeitsreichste Zeit auf dem Hof. Die Arbeitstage begannen oft um fünf Uhr früh und endeten erst spät in der Nacht. Viel Haus- und

Nicht überall war das Ausmisten der Ställe Frauensache. Meist übernahmen das die Knechte. Bei den jungen Mädchen war diese Arbeit sehr unbeliebt.

Gartenarbeit blieb während dessen liegen und mußte später nachgeholt werden.
Bis spät in den Herbst hinein wurden Obst und Gemüse geerntet und eingemacht. Während sich die Speisekammer mit hunderten von Gläsern füllte, mußten bald die ersten Beete winterfest gemacht werden. Mist wurde in den Garten gebracht und das Land umgegraben, eine harte Knochenarbeit. Auch beim Mistausbringen auf den Feldern halfen die Frauen mit. Im Herbst und Winter beteiligten sie sich auch am Holzmachen. Zumindest das Kleinholzsägen auf dem Hof konnten sie übernehmen oder das Stapeln der fertigen Scheite. Wo mit Torf geheizt wurde gingen die Frauen im Sommer regelmäßig mit ins Moor.
Die Frauen auf dem Land waren an diesen Arbeitsalltag von klein auf gewöhnt. Schon als Kinder hatten sie der Mutter zugeschaut oder mitgeholfen. Als junge Mädchen hatten sie ihre Kenntnisse auf einem anderen Hof oder in einem Hauswirtschaftskurs gefestigt. Wenn sie einen Bauernsohn heirateten, wußten sie, daß sie damit auch den Beruf der Landfrau annahmen, und welche Arbeit dadurch auf sie zukam. Mit der Geburt des ersten Kindes nahm sich die junge Bauersfrau dann oft selbst ein junges Mädchen auf den Hof, bis vielleicht die eigene Tochter alt genug war, um ihr zur Hand zu gehen. Übernahm dann eines der Kinder den Hof, so ging die Bäuerin aufs Altenteil. Aber auch dann noch beteiligte sie sich an vielen Hofarbeiten. Sie übernahm vor allem die Betreuung der Kleinkinder und einfache Hausarbeiten.
Der bäuerliche Arbeitsalltag vergangener Zeit ist oft romantisiert worden. Tatsächlich aber war die Arbeit sehr fascettenreich. Sie konnte eintönig, schmutzig und trist sein und die Frauen gesundheitlich stark belasten, vor allem wenn der Hof klein und der wirtschaftliche Erfolg sehr gering war. Andererseits war die Arbeit sehr vielfältig, und wenn der Hof florierte, hatte die Bäuerin mit ihrer Arbeit Anteil am Erfolg. Ihren Arbeitsbereich organisierte sie selbstbestimmt und trotz großer Belastungen entwickelte sie oft ein hohes berufliches Selbstbewußtsein.

Mit dem Rübenabau waren vielfältige Handarbeiten verbunden. Zuerst mußten die Jungpflanzen vereinzelnt werden, später immer wieder Unkraut gehackt werden. Um die Kleidung zu schonen, wurden Säcke um Schürzen und Hosen gebunden.

Erbsen wurden nicht nur als Gartenfrucht, sondern auch als Feldfrucht angebaut. Die Ernte war, ebenso wie das Auspahlen der Schoten, reine Handarbeit, bei der auch die Kinder mithalfen. Bei der Heimfahrt vom Feld konnte man die jungen Erbsen probieren.

Die hauswirtschaftliche Rationalisierung

Während der 20er Jahre setzten umfassende Rationalisierungsbestrebungen innerhalb der ländlichen wie auch der städtischen Hauswirtschaft ein. In der Kriegszeit und in den Krisenjahren der Weimarer Republik war der hohe volkswirtschaftliche Stellenwert der häuslichen Familienarbeit deutlich geworden. Man erkannte, daß die Gewährleistung von Ernährung und Gesundheit der Bevölkerung in den Händen von Hausfrauen und Müttern lag, und daß ihre Arbeit für den nationalen Wiederaufbau nach dem Krieg unentbehrlich war. Um diese Arbeit effektiver zu machen, mußte sie möglichst rationell gestaltet werden. Im städtischen Bereich wollte man dadurch die familienfürsorgerischen Kapazitäten der Frauen steigern, im ländlichen Bereich mehr Arbeitskräfte für die Landwirtschaft freisetzen. Damit lag die Modernisierung der Hausarbeit durchaus im allgemeinen bäuerlichen Interesse und wurde von agrarpolitischer Seite stark gefördert.
Die hauswirtschaftliche Rationalisierung war keine neue Idee, denn schon in der ersten Hälfte des 19. Jahrhunderts wurden in Amerika entsprechende Überlegungen zur Einsparung von Hausarbeit angestellt und wenige Zeit später durch den Einsatz moderner Haushaltsgeräte und Kücheneinrichtungen realisiert. Die Erfindung von Waschmaschine, Kühlschrank oder Staubsauger sollten die amerikanische Hausfrauen von teurem Dienstpersonal unabhängig machen und ihnen mehr Zeit verschaffen, um sich der Familie und der Repräsentation zu widmen.
Die Rationalisierungsbewegung in Deutschland stand in engem Zusammenhang mit der Wirtschaftskrise. Sie mußte weitgehend auf die Verbreitung von technischen Geräten als Haushaltshilfen verzichten, denn den Frauen fehlte das Geld für ihre Anschaffung. Auf dem Lande kam hinzu, das die hierfür benötigten Versorgungsnetze für Strom oder Gas nicht vorhanden waren, selbst Wasserleitungen gab es nur in wenigen Haushalten. So beschränkte man sich auf eine effektivere Organisation der Arbeit durch eine sinnvolle Zeiteinteilung und die umsichtige Ausnutzung von Betriebsmitteln. Die Frauen sollten damit Kraft, Zeit und Geld sparen.
Zeit- und Kraftersparnis wurde vor allem durch das Vermeiden

Die Kücheneinrichtung auf dem Land hatte sich in den 20er Jahren seit der Vorkriegszeit kaum verändert. Zur Standardausstattung gehörte der große eiserne Herd mit diversen Kesseln und Töpfen. Die Wände waren gefliest und alles wurde stets sorgfältig blank geputzt.

überflüssiger Wege und Handgriffe erreicht. Die Küche sollte so eingerichtet werden, daß die Strecken zwischen Arbeitstischen, Schränken und Herd möglichst kurz waren. Alle Gerätschaften, sowie Töpfe und Geschirr sollten übersichtlich und griffbereit geordnet sein. Die Einrichtungsgegenstände sollten praktisch sein und eine gesunde Körperhaltung bei der Arbeit ermöglichen. Die Oberflächen von Möbeln und Gerätschaften sollten glatt und leicht zu reinigen sein. Auch eine optimale Beleuchtung und eine gute Lüftung erleichterten der Hausfrau die Arbeit und dienten der Schonung des Kücheninventars.
Da aber eine Neuanschaffung von modernen Küchenmöbeln aus Kostengründen auf den Höfen kaum möglich war, blieb den Frauen

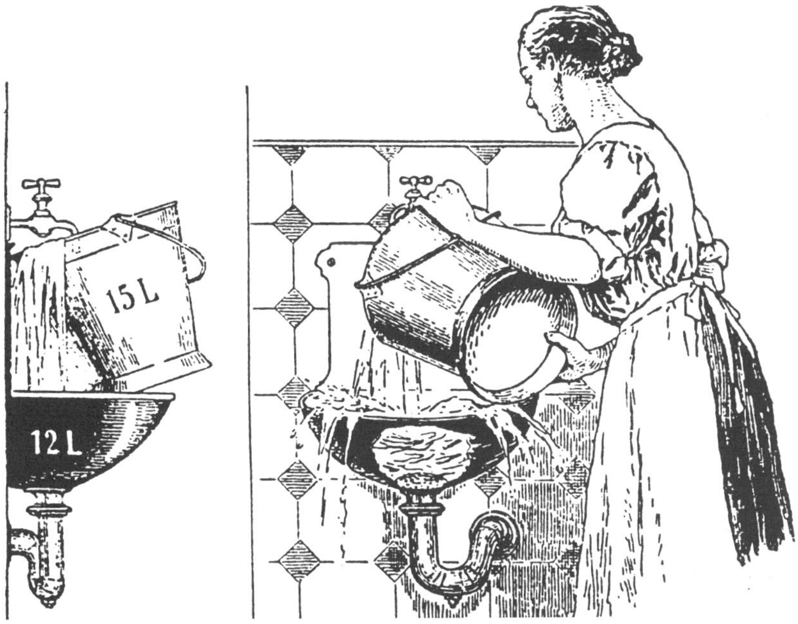

68. Falsch! Ausguß zu klein, mit zu kleinem Ablaufsieb, ohne Aufstellgitter und Strahlenregler.

69. Richtig! Ausreichend großer Ausguß mit großem Ablaufsieb, Aufstellgitter und Strahlenregler. (Nach Phil. Wisotzky.)

Die Kücheneinrichtungen der Vorkriegszeit waren nicht immer praktisch und entsprachen nicht den arbeitstechnischen Erfordernissen des modernen Haushaltes. Die Rationalisierungsbewegung der 20er Jahre propagierte daher eine den Arbeitsverrichtungen angemessene Ausstattung, wie beispielsweise größere Abflußbecken.

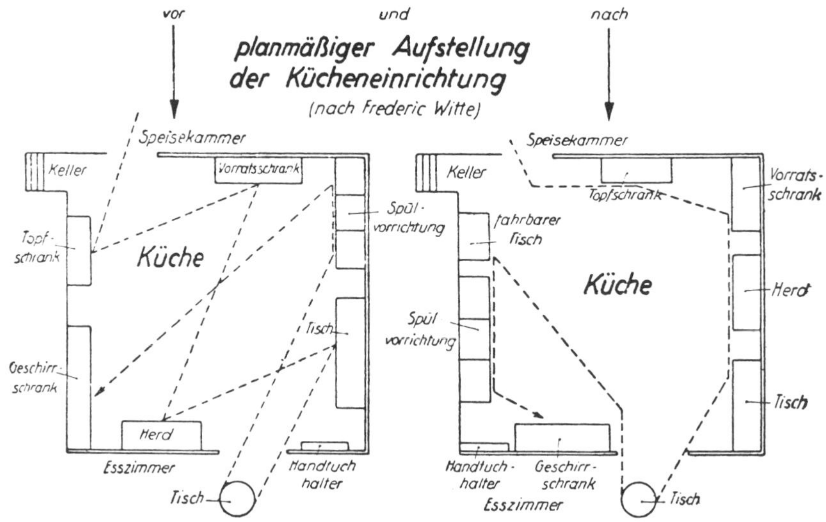

Die Kücheneinrichtung sollte so gestaltet sein, daß überflüssige Wege bei der Arbeit gespart wurden. Moderne Architekturentwürfe und Einrichtungspläne wurden in den einschlägigen Hauswirtschaftszeitungen vorgestellt, wie zum Beispiel diese Gegenüberstellung einer alten und einer neuen Küche in der Zeitung „Gartenbau, Geflügelzucht und Haushalt“ von 1931.

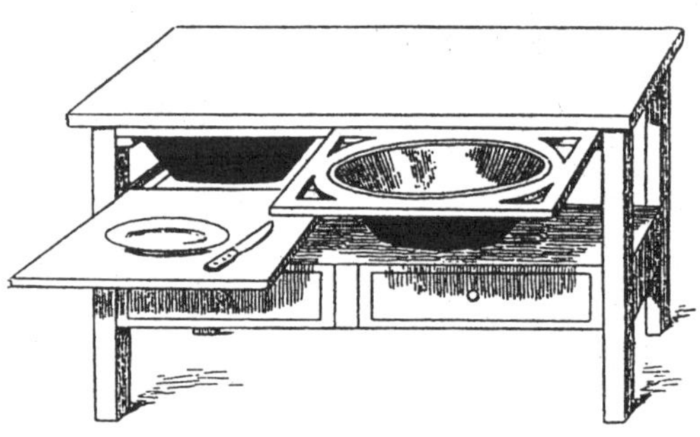

82. Küchentisch mit ausziehbaren Spülschüsseln, Schubladen und tieferer Arbeitsplatte.

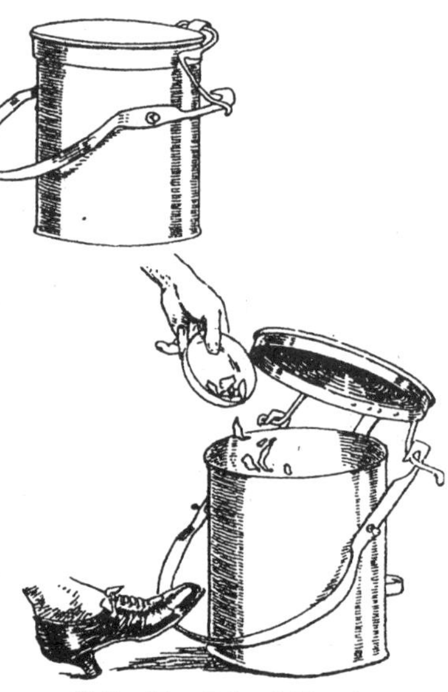

83. Durch den Fuß zu bedienender Kehrichteimer. Medizinisches Warenhaus, Frankfurt a. M.

Auch arbeits- und platzsparende Gerätschaften wurden entwickelt, wie Abfalleimer mit Fußbedienung oder ausziehbarer Spültisch. In den meisten bäuerlichen Haushalten fehlte jedoch das nötige Geld für solche praktischen Neuanschaffungen.

86. Falsch! Stehen überflüssig; „Vorbeugung" vergessen.

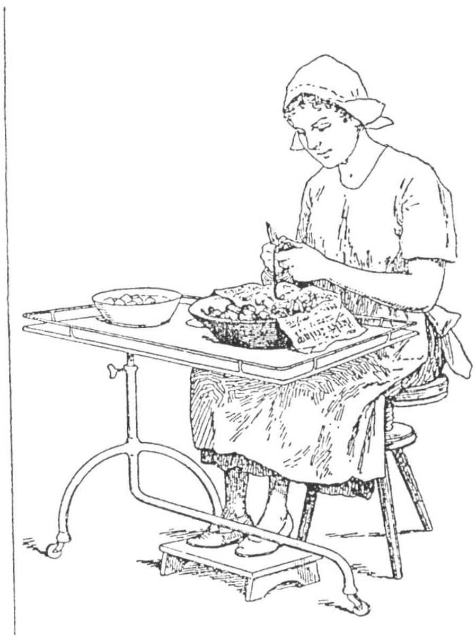

87. Richtig! Sitzendes Arbeiten bei guter Arbeitshöhe; „vorbeugende" Zeitung.

Wer kein Geld hatte, sich eine neue Einrichtung anzuschaffen, sollte zumindest in Arbeitshaltung und Arbeitsorganisation die Richtlinien der Sparsamkeit beachten. Die Arbeit im Sitzen galt als kraftsparend und gesund, und die vorbeugende Vermeidung von Abfall und Schmutz machte viele Putzarbeiten überflüssig.

nur die Möglichkeit durch kleine Veränderungen ihre alte Einrichtung praktischer zu gestalten. Hierzu gaben Haushaltsbücher und die Bildungseinrichtungen der landwirtschaftlichen Hausfrauenvereine allerlei Anregungen. Beispielsweise sollte in die Türen der Topfschränke Drahtvorrichtungen eingebaut werden, in die die Topfdeckel übersichtlich und platzsparend eingehängt werden konnten. Auch sollte die Hausfrau alle störenden Verzierungen von den Küchenmöbeln entfernen, da sie schwer zu putzen waren. Aus der ganzen Wohnung sollten Nippes, Zierdeckchen oder aufwendige Vorhänge verschwinden, denn sie verursachten nicht nur zu viel Arbeit, sondern paßten auch nicht zu dem neuen, von Schlichtheit bestimmten Einrichtungsgeschmack. Diese praktischen Gesichtspunkte der Haushaltsrationalisierung fanden vielfach ihre Entsprechung in einer Ästhetik des Nützlichen, die den modernen Landhaushalt der 20er Jahre prägte.

„Wie spare ich Arbeit und Zeit in der Küche?

Wenn ich dafür sorge, daß alle Geräte immer am selben Platz stehen.

Wenn ich die Tischschubladen zur Aufbewahrung von Bestecken durch kleine verstellbare Brettchen in einzelne Fächer einteile und dadurch Übersicht schaffe.

Wenn ich alle Vorräte in Behältern mit deutlicher Aufschrift des Inhalts aufbewahre.

Wenn ich alle Gewürze in fest verschließbaren Gläsern (kleine Honiggläser, der Inhalt deutlich sichtbar) neben – nicht hintereinander aufgestellt aufbewahre.

Wenn ich den Geschirrschrank so aufräume, daß alles ohne Suchen herausnehmbar ist.

Wenn ich die Abwaschwanne so aufstelle, daß das Licht von vorn kommt und sämtliche Reinigungsmittel griffbereit stehen.

Wenn ich, falls auf offenem Feuer gekocht wird, den Topfschützer benutze (zu beziehen durch die Firma Eichenberg, Landsberg-Warthe).

Wenn ich mir eine kleine Zusatzfeuerung zum Kochen oder Heißmachen kleinerer Mengen anschaffe (Spiritusvergaser oder kleiner elektrischer Kochtopf).

Wenn ich an den Fenstern ganz glatte weiße oder indanthrenfarbige Vorhänge anbringe.

Wenn ich die Küchenschränke auf hohe Füße stelle, um den Fußboden darunter leicht reinigen zu können.

Wenn ich zur Reinigung der Einmachgläser Imi verwende.

Wenn ich mir am Sonntag einen Küchenzettel für die kommende Woche aufstelle"

(Gartenbau, Geflügelzucht und Haushalt v. 1. 8. 1931, S. 119)

Sparsamkeit begann im kleinen. Jeder Handgriff sollte durchorganisiert sein, alle Gerätschaften so praktisch wie möglich aufgestellt sein. Derartige Haushaltstips fanden sich in allen modernen Kochbüchern und Haushaltszeitschriften.

Muster B. **Wirtschaftsbuch der Landfrau.**

Datum	Einnahme	Summe der Einnahme	Bargeld	Geflügel		Milchwirtschaft			Garten		Räucherwaren		
				Eier	Fleisch	Milch	Butter	Käse	Obst	Gemüse	Schinken	Speck	Wurst
März													
1.	Wirtschaftsgeld	100 –	100 —										
1.	20 Bruteier	10 —		10 —									
2.	2 Pfd. Butter	3 60					3 60						
3.	5 l Milch	— 90				— 90							
4.	25 Pfd. Rharbarber	12 50								12 50			
7.	1 Schinken, 15 Pfd.	22 50									22 50		
		149 50	100 —	10 —	— —	— 90	3 60	— —	— —	12 50	22 50	— —	— —
8.	. . . .												

Datum	Ausgabe	Summe der Ausgabe	Lebensmittel		Kleidung			Reinigungsmittel und Geräte	Löhne und Versicherungen	Anschaffungen	Reparaturen	Verschiedenes
			Fleisch, Fische	Kolon.-Waren	Kleider	Wäsche	Schuhwerk					
März												
1.	Kolonialwaren v. Kittler	18 —		18 —								
2.	1 Pfd. Schmierseife	— 50						— 50				
4.	Briefmarken	2 –										2 —
5.	Stiefel besohlen	5 —					5 -					
6.	Arbeitslohn für 2 Frauen	4 —							4 --			
7.	3 Pfd. Schweinefleisch	4 80	4 80									
		34 30	4 —	18 —	— --	– –	5 -	— 50	4 —	— —	— —	2 —
8.	. . . .											

Zur rationellen Haushaltsorganisation gehörte eine genaue Buchführung über Einnahmen und Ausgaben in der bäuerlichen Hauswirtschaft. Anregung und Anleitung hierfür gaben die Veröffentlichungen des Landfrauenreferats in der Landwirtschaftskammer, das die Haushaltsrationalisierung entscheidend förderte. Durch die Buchführung wurde die betriebswirtschaftliche Rentabilität des Haushaltes deutlich gemacht. Er wurde damit als eigenständiger Betriebszweig des Hofes anerkannt.

Neben der praktischen Haushaltseinrichtung propagierte die Rationalisierungsbewegung vor allem eine effektive und sparsame Ausnutzung aller Haushaltswaren, vor allem Lebensmitteln. Nichts durfte verschwendet werden und die Zubereitung sollte so schonend wie möglich sein. Dazu bedurfte die Hausfrau natürlich gewisser Kenntnisse der Ernährungslehre, etwa das Wissen um die Inhaltsstoffe der Lebensmittel, ihre Wirkung auf den menschlichen Körper und ihre Veränderung durch die verschiedenen Garmethoden. Hierzu gehörte beispielsweise die Erkenntnis, daß das Gemüse nicht zu lang gekocht werden darf, um die Vitamine nicht zu zerstören, oder, daß beim Schälen von Obst und Gemüse wertvolle Nährstoffe verloren gehen. Die Köchin mußte aber auch wissen, in welchen Kochtöpfen die Speisen energiesparend und schnell gegart werden konnten und mit welcher Konservierungsmethode die Lebensmittel ohne hohe Nährstoffverluste möglichst lange haltbar gemacht wurden. Die Kochkunst beschränkte sich

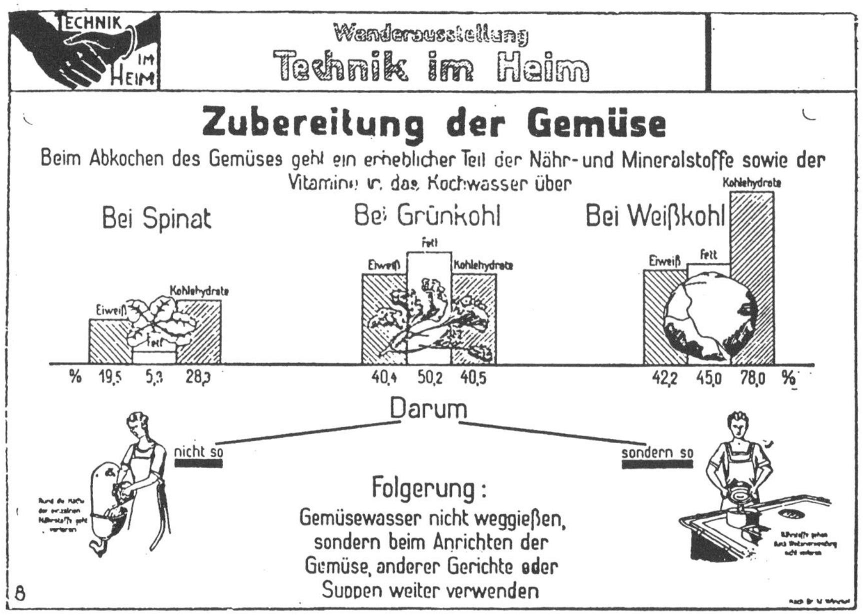

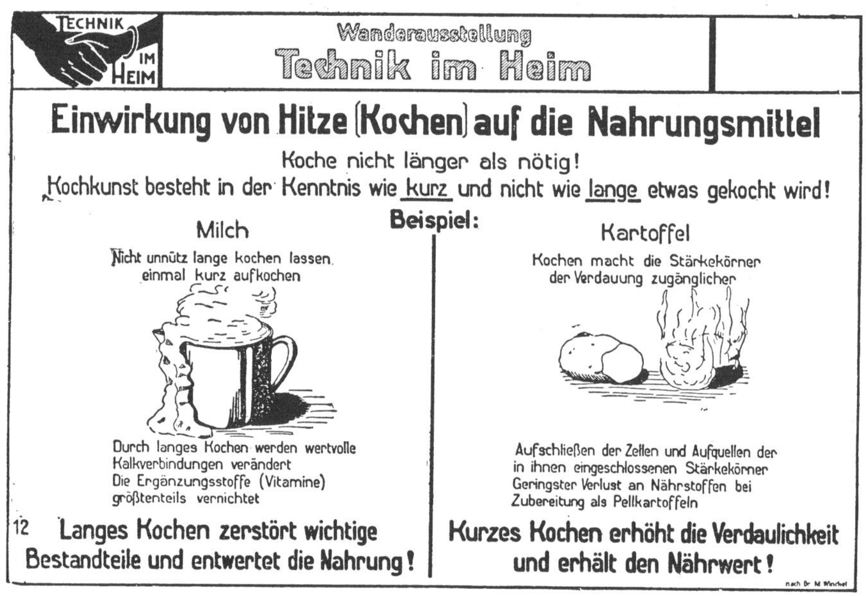

Sparsamkeit und Effektivität wurde vor allem durch das hauswirtschaftliche Fachwissen der Bäuerinnen gewährleistet. Wer Verschwendung von Arbeitskraft und Rohstoffen vermeiden wollte, mußte die Grundlagen der Ernährungslehre beherrschen. In einer umfangreichen Bildungskampagne wurden die Hausfrauen in Stadt und Land aufgeklärt; hierzu gehörte auch die Wanderausstellung „Technik und Heim", die in den späten 20er Jahren von Industrie und Frauenverbänden gemeinsam organisiert wurde.

nicht mehr allein auf die kulinarische Zubereitung der Speisen, sondern sollte vor allem einer gesunden und vollwertigen Ernährung der Familie und damit der allgemeinen Volksgesundheit dienen. In den 20er Jahren wurde die Ökothrophologie zur zentralen Hauswirtschaftswissenschaft; 1926 richtete man hierfür einen ersten Lehrstuhl an der Berliner Universität ein. Die Verbreitung des Wissens unter den Landfrauen übenahmen die landwirtschaftlichen Hausfrauenvereine und ihre Bildungseinrichtungen.
Auf einen ähnlich wissenschaftlichen Stand wie die Ernährungslehre wurden auch andere Haushaltstechniken gebracht, zu Beispiel das Wäschewaschen. Die Landfrauen lernten, wie bestimmte Textilien besonders schonend gereinigt wurden und mit welchen Mitteln bestimmte Verschmutzungen am effektivsten entfernt wurden. Auch auf diesem Gebiet wurden etliche neue Gerätschaften entwickelt, unter anderem elektrische Waschmaschinen, die aber ebenso wie die Küchengeräte in den Landhaushalten der 20er und 30er Jahre nur selten zum Einsatz kamen. Lediglich sehr moderne und finanzkräftige Wirtschaften leisteten sich die Anschaffung solcher Geräte, und die Bäuerinnen dieser Höfe übernahmen damit eine große Vorbildfunktion unter ihren Berufskolleginnen.
Die Anwendung arbeitswissenschaftlicher und ökothrophologischer Erkenntnisse im Haushalt basierte auf einer modernen Forschungsarbeit. 1926 wurde auf Betreiben der Landfrauenverbände in der zentralen Versuchsanstalt für Landarbeitslehre in Pommritz/Sachsen eine hauswirtschaftliche Abteilung gegründet. In diesem Forschungsinstitut wurden unter anderem Erhebungen zum Arbeitseinsatz von Frauen in der Landwirtschaft durchgeführt; es wurden Geräteprüfungen für den Haushalt vorgenommen, Architekturentwürfe für die ländliche Küche ausgearbeitet und ökotrophologische Untersuchungen zur Ernährungslage der Landbevölkerung durchgeführt. Um die hauswirtschaftliche Rationalisierung voranzutreiben arbeiteten die Landfrauenorganisationen außerdem mit verschiedenen Industrieverbänden zusammen, so zum Beispiel mit dem Normenausschuß der deutschen Industrie, den sie dazu bewegten, Haushaltsgeräte mit genormtem Zubehör zu produzieren. Bei der praktischen Arbeit sollte eine exakte Buchführung der Bäuerin helfen, sich einen Überblick über Einnahmen und Ausgaben zu verschaffen und ihr zeigen, welche Haushaltsaufwendungen

Elektrische Geräte als praktische Haushaltshilfen, wie etwa der Staubsauger, waren in den 20er Jahren zwar überall im Handel erhältlich, für die Landhaushalte jedoch oft unerschwinglich. Außerdem waren die meisten Höfe noch nicht an das Stromnetz angeschlossen, so daß derartige Arbeitsersparnisse für die Landfrau kaum in Frage kamen.

zu teuer waren. Sie brachte die Landfrauen dazu, den Haushalt unter betriebswirtschaftlichen Gesichtspunkten zu beurteilen und effektiver zu gestalten. Die Hauswirtschaft wurde damit bald zu einem eigenständigen Betriebszeig auf dem Hof, den die Bäuerin selbständig und selbstbewußt leitete.

Die Rationalisierungsbewegung hatte für die Landfrauen neben der gewonnenen praktischen Arbeitserleichterung eine große emanzipatorische Bedeutung. Ihre Arbeit basierte nun auf wissenschaftlichem Niveau und hatte so die gleiche Professionalität gewonnen wie die landwirtschaftlichen Tätigkeitsfelder der Männer. Damit war den Landfrauen eine berufliche Anerkennung sicher, um die die städtischen Hausfrauen noch lange kämpfen mußten.

Das neue Frauenideal auf dem Land

Die wirtschaftliche Not auf den Höfen und die politische Krise im Agrarbereich waren prägend für die Entwicklung eines neuen weiblich-bäuerlichen Berufsethos während der Zeit der Weimarer Republik. Zwar hatte auch während des Krieges Mangel an vielen Dingen geherrscht, aber die Agrarkrise der späten 20er Jahre stellte für die Landwirte eine besondere Bedrohung der Höfe und ihres Berufsstandes dar. Sie war von großer psychologischer Dimensionen, denn sie rief bei den Bauern elementare Existenzängste hervor, die ihr gesamtes berufliches Selbstverständnis in Frage stellten. Die Krise führte im betriebswirtschaftlichen Bereich notgedrungen zu einer Rückbesinnung auf die Strukturen und Kräfte der alten Bauernwirtschaft wie etwa Familienarbeit oder Selbstversorgung. Sie trug aber auch zu einer Wiederbelebung und Betonung von vermeintlich traditionell agrarischen Kulturelementen bei. In einer strikten Abgrenzung vom städtischen Lebensstil suchte die Landbevölkerung nach einer neuen bäuerlichen Identität einschließlich eines Frauenideals, das sich an den aktuellen Bedürfnissen des landwirtschaftlichen Betriebes orientierte. Es stand in radikalem Gegensatz zu den Vorstellungen der Vorkriegszeit und hob vor allem die familiären Werte in den Vordergrund, die der Erhaltung des Hofes und damit der bäuerlichen Tradition dienten.
Die obersten Tugenden waren nun Sparsamkeit und Fleiß. Die Verrichtung der vielen Arbeit auf den Höfen wurde den Frauen zu einer wirtschaftlichen und auch zu einer moralischen Pflicht. Disziplin und Aufopferungwille waren die Wertvorstellungen, mit denen die Selbstausbeutung der Bäuerinnen kompensiert wurde. Die Not wurde zur Tugend gemacht. Betriebswirtschaftliche Erfordernisse und Moralvorstellungen verschmolzen zu einem neuen Arbeitsethos der stets leistungsbereiten Landfrau.
Das Pflichtgefühl der Bäuerin galt an erster Stelle ihrer Familie, die sie zu versorgen hatte und dem Hof, den es zu erhalten galt. Die Landfrau verstand ihre Arbeit gleichzeitig als Beitrag im „Kampf um die Scholle“ und diente damit der Förderung der krisengeschüttelten Landwirtschaft. Sie sah sich aber auch im Dienst des Vaterlandes, zu dessen wirtschaftlichem und kulturellem Wiederaufbau sie

durch ihre gesteigerte land- und hauswirtschaftliche Produktion beitragen sollte. Sie stand damit in einer großen moralischen Verpflichtung und einer vollständigen gesellschaftlichen und politischen Vereinnahmung, derer sie sich kaum erwehren konnte. Eine Formulierung und Wahrung eigener, persönlicher Interessen und Bedürfnisse, etwa nach Schonung und wirklicher Arbeitserleichterung, war in Anbetracht der übergeordneten Ansprüche kaum möglich. Um die Anforderungen zu erfüllen, mußten die Landfrauen vor allem strenge Disziplin gegen sich selbst und andere aufbringen. „Früh aufstehen, arbeiten und sparen“ , so wurde 1931 auf einer Sitzung des Landwirtschaftlicher Hausfrauenvereines Marne die Losung formuliert, nach der sich die Bäuerinnen richten sollten. Die bäuerlichen Wertvorstellungen der Krisenzeit äußerten sich in allen Lebensbereichen der Frauen. Ihre hauswirtschaftliche Arbeit wurde im Sinne des Sparsamkeitsgebotes rationalisiert und straff durchorganisiert. Auch das Schönheitsempfinden, das sich in Kleidung und Einrichtungsstil zeigte, verbot allen Überfluß. Man verzichtete im Hausrat auf unpraktischen Zierrat und Nippes, denn das ästhetische Leitbild lag nun in der Schönheit des Schlichten. Im Mobiliar, in der Dekoration des Hauses und sogar beim Anrichten und Servieren der Speisen sollten einfache, eigene Mittel die Werte der „deutschen Hausfrau“ zum Vorschein bringen. Das Gemüt der Landfrau sollte von freudiger Arbeitsbereitschaft und einer bodenständigen Natürlichkeit bestimmt sein, der alle Putzsucht und Künstlichkeit fern lagen. Ihre Kleidung war schlicht geschnitten und sollte aus heimischen Materialien gearbeitet sein. Selbst Leinenstoffe kamen wieder in Mode.

An der Vermittlung solcher Wertvorstellungen hatten die Landwirtschaftlichen Hausfrauenvereine als Berufsorganisationen der Landfrauen einen großen Anteil. In Zeitschriften, Bildungsveranstaltungen und hauswirtschaftlichen Ausstellungen propagierten sie das neue Frauenbild. Es war in gesellschaftspolitischer Hinsicht ungeheuer konservativ und band die Frauen strikt an die traditionellen häuslichen und familiären Tätigkeitsfelder. Unter agrarwirtschaftlichen Gesichtspunkten war es jedoch ausgesprochen fortschrittlich, denn es ermöglichte den Bäuerinnen eine Rationalisierung und Professionalisierung ihrer Arbeit und führte zu hohen Leistungssteigerungen innerhalb der Familienbetriebe.

Auch die jungen Mädchen übernahmen die neuen bäuerlichen Wertvorstellungen. Besonders die Töchter aus dem Großbauernstand strebten nicht mehr nach städtischen Vorbildern und nach übermäßgem Luxus, sondern sie gaben sich bewußt schlicht und natürlich.

„Die Bäuerin als Hausfrau

Ordnung herrsche überall im Hause. Jedes Ding sei an seinem bestimmten Platz und sei auch im Dunkeln zu finden. Ordnung hilft haushalten und erweckt Schönheitssinn. Ordnung soll auch in Zeiten großer Feldarbeit im Haus zu finden sein. Das Haus muß immer so sein, daß man es zu jeder Zeit einem Fremden zeigen kann. Ordentlich seien aber auch die von der Hausfrau ausgeführten Arbeiten. Wieviel unnötige Zeit wird erspart, wenn jede Arbeit gleich so ist, wie sie sein soll.

Sauberkeit zeige sich vor allem an der Hausfrau selbst. Sie darf über der Ausführung anderer Arbeiten sich selbst nicht vergessen und muß sich immer bewußt sein, daß sie als sauberer, gepflegter Mensch ihrem Mann und ihren Kindern eine Freude ist. Auch gibt sie dadurch den Familienmitgliedern ein gutes Beispiel. Sauber seien aber auch Kleider und Wäsche, Betten, Küche und Wohnräume; das ganze Hauswesen und alles was dazu gehört soll einem Schmuckkästchen gleichen.

Sparsamkeit übe die Hausfrau vor allem. Nur durch eine sparsame Hausfrau kann das Haus zu einem gewissen Wohlstand gelangen. Sparsamkeit zeigt sich schon in kleinen Dingen. So müssen entstandene Schäden sofort und nach Möglichkeit selbst ausgebessert werden, und Vorräte so aufbewahrt werden, daß nichts verdirbt. Ausgaben für überflüssige Dinge sollen unterbleiben. Bei Einkäufen lasse sie sich nicht durch den Schein blenden, sondern das Beste sei ihr das Billigste. ...

Genügsamkeit und Bescheidenheit dürfen die Hausfrau nicht über ihre Verhältnisse hinausleben lassen. Sie soll mit den Mitteln auskommen, die ihr zur Verfügung stehen. Niemals vergleiche sie sich mit denen, die mehr haben als sie selbst und denke daran, daß das wahre Glück nicht in irdischen Gütern allein, sondern in Gottvertrauen, Gesundheit und einem glücklichen Familienleben zu suchen ist. Andererseits hüte sie sich aber auch vor übertriebener Sparsamkeit zum Nachteil der Familie.

Aufrichtigkeit zeige sie in ihrem ganzen Wesen; nur dadurch kann sie das Vertrauen der anderen Dorfbewohner erringen. Niemals durch Lügen etwas bemänteln wollen, ein ehrliches Wort zur rechten Zeit wird jeder achten.

Der Sinn fürs Schöne sei in ihr entwickelt. Sie darf über all ihrer Arbeit nicht vergessen, daß Blumen, ein gutes Bild, eine Handarbeit das Haus behaglich und freundlich machen. Die Kleidung für sie selbst soll nicht allein zweckmäßig, sondern auch schön sein. Ein gutes Buch, ein Spaziergang, wo sich Gelegenheit bietet, der Besuch eines guten Vortrags sei ihre Erholung."

(W. Wagner, Die Schule der Jungbäuerin,
Lehrbuch für Mädchenklassen an
landwirtschaftlichen Schulen,
Berlin 1927, S. 46)

Das bäuerliche Frauenideal und die landfraulichen Tugenden der 20er Jahre unterschieden sich grundlegend von denen der Vorkriegszeit. Hatten sich die Frauen ehedem um die Repräsentation des landwirtschaftlichen Wohlstands bemüht, so wurden nun Bescheidenheit und Genügsamkeit gefordert.

Geflügelzucht und Gartenbau

Wie schon während des Krieges mußte auch in der Zeit der Weimarer Republik die Produktion in allen Bereichen der Landwirtschaft erhöht werden, denn Deutschland sollte auf dem Gebiet der Lebensmittelversorgung von teuren und volkswirtschaftlich unrentablen ausländischen Importen unabhängig werden. Dies galt auch für die Produktionsfelder der ländlichen Hauswirtschaft, vor allem für Geflügelzucht und Gartenbau. In Schleswig-Holstein sollte besonders die Einfuhr dänischer Eier durch die Steigerung der heimischen Erzeugung eingedämmt werden. Die Geflügelhaltung wurde nämlich bis zum Krieg nur sehr unprofessionell und fast ausschließlich für den privaten Verbrauch in den Bauernfamilien betrieben. Sie sollte sich nun zu einem rentablen landwirtschaftlichen Betriebszweig entwickeln.

Schon kurz nach Kriegsende erließ die schleswig-holsteinische Landwirtschaftskammer entsprechende „Richtlinien zur Förderung der Geflügelzucht". Durch verschiedene Maßnahmen sollte die fachgerechte Haltung und Zucht leistungsstarker einheimischer Geflügelrassen durchgesetzt werden, um die Produktion in Qualität und Menge zu steigern. Die Organisationen der Geflügelhalter wurden gestützt und das hauswirtschaftliche Bildungswesen im Bereich Geflügelhaltung ausgebaut. In eigens eingerichteten Lehranstalten und Mustergeflügelhöfen, Zuchtstationen und Brutzentralen wurden moderne Methoden der Hühnerhaltung und Eierproduktion erprobt. Zur Verbreitung der neuen Kenntnisse und zur fachlichen Anleitung der Geflügelhalterinnen auf dem Land wurden Geflügelzuchtlehrerinnen und Fachberaterinnen eingestellt. Für den Erfolg der Geflügelkampagne war ein umfassendes Bildungsprogramm unter den Landfrauen notwendig. In der neu geschaffenen Geflügellehranstalt der Landwirtschaftskammer in Kiel-Steenbek wurden spezielle Fachkräfte ausgebildet und es entstand der anerkannte Ausbildungsberuf der „Geflügelzuchtgehilfin".

Der Absatz der produzierten Eier und Geflügelerzeugnisse wurde durch die Einrichtung einer Vermarktungsgesellschaft organisiert. Durch die Einführung eines Gütesiegels für Frischeier wurde für die heimischen Produkte geworben und den Verbrauchern beste Qua-

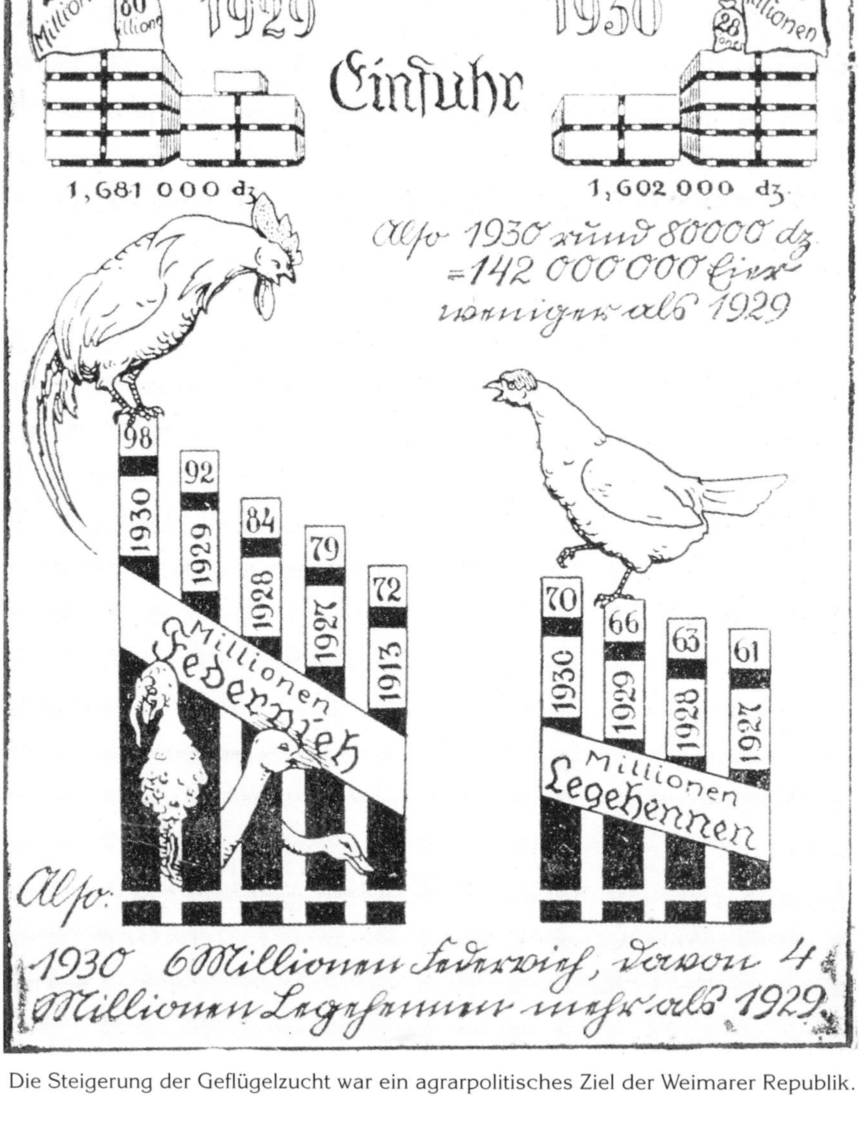

Die Steigerung der Geflügelzucht war ein agrarpolitisches Ziel der Weimarer Republik.

Im Interatsbetrieb der Lehranstalt Kiel-Steenbek wurden jährlich dreizehn weibliche Lehrlinge zur Geflügelzuchtgehilfin ausgebildet. Damit entstand ein ganz neuer landwirtschaftlicher Frauenberuf mit einem eigenständigen Ausbildungsgang. Das Foto aus einer Werbebroschüre der Schule zeigt die jungen Mädchen beim Nachmittagskaffee.

lität garantiert. Das Förderprogramm der Landwirtschaftskammer war sehr erfolgreich: Der Bestand an Hühnern konnte in Schleswig-Holstein zwischen 1920 und 1930 von 1,9 Millionen auf 3,7 Millionen gesteigert und die Legeleistung der Hennen nahezu verdoppelt werden.

Für die einzelne Landfrau und ihren praktischen Arbeitsalltag bedeutete die Professionalisierung der Geflügelzucht zunächst eine intensive Auseinandersetzung mit dem bisher oft vernachlässigten Arbeitsfeld. Um eine artgerechte Haltung zu gewährleisten, mußten vielfach neue Hühnerställe gebaut werden, ausgestattet mit

Der überregionale Vertrieb der Eier wurde in den 20er Jahren über die „Verwertungsgesellschaft Nord" organisiert. Sie unterhielt verschiedene Eiersammelstellen, wie hier in Rendsburg, wo die Eier sortiert, verpackt und versandt wurden.

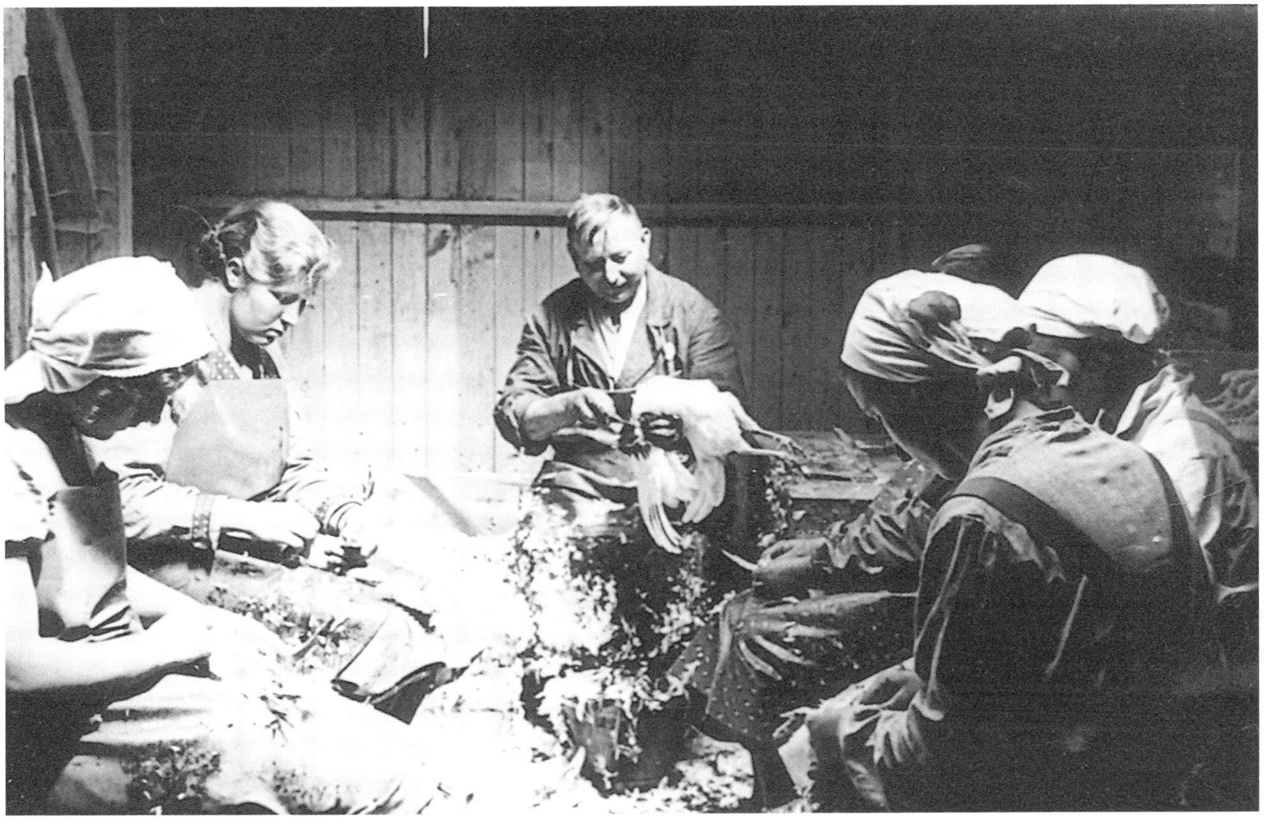

Waren alle Eier verpackt, so mußte die Belegschaft der Eiersammelstelle auch Schlachtgeflügel rupfen und verkaufsfertig machen.

Auf den Höfen mußten Hühner für den Verkauf und den Eigenbedarf sachgerecht geschlachtet werden. Zuerst wurden die Tiere mit einem Schlag auf den Kopf betäubt und anschließend die Kehle durchschnitten.

Fütterungsanlagen, Legenestern, Beleuchtung und Belüftungsvorrichtungen. Die Bäuerin mußte sich für die Züchtung einer robusten und legefreudigen Hühnerrasse entscheiden, beliebt waren zum Beispiel „Italiener“ oder „Leghorn“. Die Fütterung sollte genau auf den Leistungsstand der Tiere abgestimmt sein. Die Hühner mußten das ganze Jahr über intensiv betreut und beobachtet werden. Das Beringen der Vögel ermöglichte eine genaue Buchführung über die tägliche Legeleistung und Tiergesundheit. Das Federvieh wurde regelmäßig profilaktisch geimpft. Auch die Brut, ob künstlich oder natürlich, sollte von der Bäuerin streng beaufsichtigt weden. Die künstliche Brut war in den 20er Jahren bereits eine allgemein gängige Methode der Geflügelaufzucht, sie wurde jedoch vorwiegend in Brutanstalten in Auftrag gegeben, weil nur wenige Höfe über eigene Apparaturen verfügten. Zur Befruchtungskontrolle mußten die Eier vorher durchleuchtet werden. Die ausgeschlüpften Küken wurden unter elektrischen Wärmevorrichtungen aufgezogen.
Neben der Haltung der Hühner mußte die Bäuerin für eine fachgerechte Verwertung ihrer Produkte sorgen. Das professionelle Verkaufsfertigmachen der Eier erfolgte durch Wiegen, Sortieren, Stempeln und Verpacken in Spezialkartons, das Herrichten des Schlachtgeflügels für den Verkauf durch sachgemäßes Schlachten, Rupfen, Ausnehmen und Einbinden des Schlachtkörpers. Der Verkauf erfolgte über Händler, Genossenschaften, Landfrauenorganisationen oder durch eigene Vermarktung auf dem Wochenmarkt.
Die moderne Geflügelhaltung wurde bald zu einer lukrativen Einnahmequelle der Landfrauen und zu einem anerkannten Erwerbszweig der Landwirtschaft. Insbesondere auf größeren Höfen entwickelten die Bäuerinnen ein großes Interesse daran. Etliche Mustergeflügelhöfe oder Stammzuchten standen unter der Leitung von Gutsbesitzerfrauen. Die Geflügelzucht wurde zur Chefsache der Landfrau, und sie leitete ihre Mädchen gewissenhaft bei der Arbeit im Hühnerhof an. Das gesamte Arbeitsfeld hatte einen hohen Prestigewert, denn mit ihm waren soziale Attribute wie Professionalität und Fachqualifikation verbunden. In großbäuerlichen Kreisen spielten auch politische Aspekte eine gewisse Rolle bei der Steigerung der Geflügelproduktion: Die Landfrauen verstanden sie durchaus als ihre nationale Pflicht und als ihren Beitrag zum wirtschaftlichen Wiederaufbau des Vaterlandes. Das Thema Geflügelzucht

Auf den Höfen übernahmen die Landfrauen nicht immer die neuen Haltungsmethoden. Oft fehlte es ihnen an Geld für moderne Stalleinrichtungen. Das Interesse der Landfrauen an der Geflügelhaltung war in den 20er Jahren jedoch stark gestiegen, ebenso wie die Anzahl der gehaltenen Tiere.

nahm innerhalb der Landfrauenbewegung und ihrer Bildungskampagnen einen ganz zentralen Platz ein.
Eine ähnliche Entwicklung wie die Geflügelhaltung nahm der Gartenbau während der 20er Jahre, wenn auch ohne eine so starke Bedeutung für das berufliche Selbstbewußtsein der Landfrauen. Ihre Gartenerzeugnisse dienten nämlich nur selten dem Verkauf, sondern eher dem Verbrauch in der eigenen Familie. Die Forderung nach Ertragssteigerungen im bäuerlichen Garten wurde, ebenso wie bei der Geflügelzucht, während des Ersten Weltkrieges laut, und da die Landfrauen auf eine umfangreiche Selbstversorgung angewiesen waren, schlossen sie sich bald den Bemühungen um eine effektive und fachgerechte Erzeugung von Obst und Gemüse an. Sie handelten damit auch während der Zeit der Weimarer Republik in volkswirtschaftlichem Interesse, galt es doch die Ernährung durch heimische Erzeugnisse zu sichern und die Lebensmittelimporte so weit wie möglich einzudämmen.
Um die fachgerechte Züchtung von Obstbäumen hatten sich schon im 19. Jahrhundert pomologische Vereinigungen bemüht. In ihnen waren aber vorwiegend Mitglieder organisiert, die nicht aus der Landwirtschaft stammten und die allein von botanischem Interesse geleitet wurden. Erst in der Nachkriegszeit arbeiteten die Obst- und Gartenbauvereine aus der volkswirtschaftlichen Notwendigkeit heraus unter eindeutig ökonomischen Gesichtspunkten. Zusammen mit der Landwirtschaftskammer und den landwirtschaftlichen Hausfrauenvereinen führten sie vielfältige Bildungsveranstaltungen durch, insbesondere Obstausstellungen, bei denen neue Sorten und Züchtungen vorgestellt wurden. Die Landwirtschaftskammer richtete 1921 eine eigene Schule und Versuchsanstalt für Garten- und Obstbau in Kiel-Holtenau ein, in der angehende Gärtner unterrichtet wurden. Für weibliche Interessierte wurde der Ausbildungsgang der „Gartenbaugehilfin“ eingeführt. Unterrichtsthemen waren vor allem die praktische Zucht und der Anbau von Obst und Gemüse, sowie dessen Lagerung und Versand. In der Theorie behandelte man die Pflanzenphysiologie, die Schädlingsbekämpfung, die Düngemittelanwendung und übte sich im Fachzeichnen.
Der professionelle Gartenbau blieb dabei immer in einer Zwitterstellung zwischen einem eigenständigen, handwerklich orientierten Gewerbe und einem landwirtschaftlichen Nebenbetrieb. Und auch

Gartenbau- und Landfrauenvereinigungen veranstalteten regelmäßig Obst- und Gemüseausstellungen, um neue oder unbekannte Obstsorten vorzustellen, die für den heimischen Anbau geeignet waren.

in der Landwirtschaft gab es zwei Möglichkeiten, nämlich den kommerziellen Obst- und Gemüsebau auf dem Feld und den Anbau im Hausgarten, wobei der feldmäßige Anbau für den Verkauf in der Regel unter der Regie des Bauern stand und der häusliche Gartenanbau zur Arbeitssphäre der Bäuerin gehörte. Hierin lag für die Landfrauen ein wesentlicher Unterschied in der Bedeutung des Gartenbaus zur Geflügelzucht: Die Geflügelzucht blieb auch nach ihrer Entwicklung zu einem landwirtschaftlichen Erwerbszweig in den 20er Jahren ein vorwiegendes Arbeitsfeld der Frauen, während der professionalisierte Gartenbau als Feldgemüsebau oder Obstplantagenbau in die Hände der Männer überging. Daher spielte Geflügelzucht für die Entwicklung des beruflichen Selbstbewußtseins der Landfrauen eine sehr viel größere Rolle.

Die Landwirtschaftlichen Hausfrauenvereine

Die Landwirtschaftlichen Hausfrauenvereine, die als Landfrauenvereine noch heute die größte Berufsorganisation der Bäuerinnen bilden und zu den mitgliederstärksten Frauenorganisationen Deutschlands gehören, gingen in ihrer Entstehung auf die Initiative der ostpreußischen Gutsbesitzersfrau Elisabeth Boehm zurück. Sie kämpfte für die berufliche Anerkennung der Landfrauen, indem sie für sie eine fundierte Ausbildung forderte und damit eine Professionalisierung der ländlichen Hauswirtschaft anstrebte. Die berufliche Qualifikation der Landfrauen sollte zu einer Steigerung der Erzeugung in Gartenbau und Geflügelzucht führen. Die Produkte sollten in eigenen Verkaufsstellen, ohne Umwege über den Zwischenhandel, direkt an die städtischen Verbraucherinnen abgesetzt werden. Vorbild für diese Ideen waren die landwirtschaftlichen Schulen, Vereine und Genossenschaften, in denen sich die Bauern seit Mitte des 19. Jahrhunderts organisierten.

E. Boehm gründete 1898 zusammen mit anderen Gutsbesitzerfrauen und einigen interessierten Städterinnen den ersten Verein und eine Verkaufsstelle in der Stadt Rastenburg. Der große Erfolg der Einrichtung führte in Ostpreußen bald zu zahlreichen Nachahmungen. 1905 konnte bereits ein Regionalverband aus 14 Vereinen gegründet werden, der unter der Leitung E. Boehms der Landwirtschaftskammer angeschlossen wurde. Die Kammer, damals noch eine reine Männerorganisation, unterstützte nach nur kurzem Zögern die Anliegen der Landfrauen, diente doch die Hebung der hauswirtschaftlichen Produktion auch dem allgemeinen Wohl der Landwirtschaft. Konkurrenzen zu den Interessen der Männer erwuchsen aus den emanzipatorischen Aktivitäten der Landfrauen kaum, denn sie strebten nicht, wie beispielsweise viele städtische Frauenrechtlerinnen eine Übernahme männlicher Tätigkeitsfelder an, sondern wollten innerhalb ihrer traditionellen Aufgabenbereiche größere Leistungsstärke und berufliche Anerkennung erlangen.

Noch vor dem I. Weltkrieg konnten sich im ganzen Deutschen Reich Landwirtschaftliche Hausfrauenvereine etablieren, die sich alle an den Ideen E. Boehms orientierten. 1913 erfolgte die Gründung des Provinzialverbandes in Schleswig-Holstein, und 1916 wurden die Landesverbände zu einem Reichsverband als übergeordneter Zentralorganisation zusammengeschlossen, dessen Vorsitz ebenfalls E. Boehm übernahm. Bis dahin blieb das Vereinswesen in den Händen großbäuerlicher Landfrauen und Gutsbesitzerfrauen und hatte einen ausgesprochen elitären Charakter.

Zu neuen Vereinsgründungen, an denen auch mittelständische Bäuerinnen teilhatten, kam es erst während des Krieges, und zwar auf Anregung der Behörden, vor allem der Ernährungsämter. Die Landfrauenvereine und ihre Verkausstellen spielten eine bedeutende Rolle bei der Lebensmittelversorgung der Stadtbevölkerung. Der Krieg machte deutlich, wie nützlich eine effektive Organisation der Bäuerinnen für die Volkswirtschaft sein konnte. Er schaffte auch ein Bewußtsein für die Wichtigkeit landfraulicher Berufsbildung als Voraussetzung für die Steigerung ihrer Produktion. Diese Erkenntnisse führten auch nach dem Krieg zu einer nachhaltigen Unterstützung der Landfrauenbewegung durch Behörden und landwirtschaftliche Gremien. Ein Hauptanliegen blieb dabei immer die Förderung der hauswirtschaftlichen Ausbildung und die Modernisierung und Rationalisierung des Landhaushaltes.

Während der Weimarer Republik ermöglichten neue Gesetzgebungen die volle Mitgliedschaft von Frauen in der Landwirtschaftskammer. In Schleswig-Holstein konnten nun zwei weibliche Vertreterinnen die Interessen der Landfrauen in diesem Gremium wahrnehmen. 1926 setzten sie die Einstellung einer hauptamtlichen Frauenreferentin an der Kammer durch und die Einrichtung einer Geschäftsstelle für landwirtschaftliche Frauenangelegenheiten. Die neue Referentin übernahm gleichzeitig die Geschäftsführung des Provinzialverbandes der Landwirtschaftlichen Hausfrauenvereine. Damit stand den Landfrauen nun ein effektiver Verwaltungsapparat und Mittel zur Öffentlichkeitsarbeit zur Verfügung, mit denen auch die Basisarbeit auf den Dörfern intensiviert werden konnte. Diese Strukturen festigten die zentrale Organisation des Vereinswesens und die maßgebliche Orientierung der Einzelvereine an der Verbandsleitung.

Der Verband bestimmte die inhaltlichen und programmatischen Ziele der Vereine vor allem durch sein umfangreiches Bildungsan-

Die Gräfin von Bülow, Kühren, rechts, leitete seit den Anfängen als Vorsitzende den Provinzialverband der Landwirtschaftlichen Hausfrauenvereine in Schleswig-Holstein. Katherine Iversen, Munkbrarup, links, wurde 1926 als erste „Referentin für Frauenangelegenheiten" an der Landwirtschaftskammer gewählt. Das Frauenreferat der Kammer und der Provinzialverband arbeiteten eng zusammen.

gebot, wie etwa Landfrauentagungen, Ausstellungen, Vortragsprogramme und Beratungsveranstaltungen. Er unterhielt auch ein eigenes Presseorgan, die Zeitschrift „Gartenbau, Geflügelzucht und Haushalt" und gestaltete im Landwirtschaftlichen Wochenblatt eine eigene Rubrik „Für die Landfrau", in denen über Vereinsangelegenheiten informiert und praktische Tips gegeben wurden. Ende der 20er Jahre wurden sogar regelmäßig eigene Rundfunksendungen ausgestrahlt. Der Verband bediente sich immer modernster Medien und zeigte auch damit seine Aufgeschlossenheit gegenüber dem technischen Fortschritt.

Veranstaltungen des Landwirtschaftlichen Hausfrauenvereins Marne

9. 10. 1928	„Einschlachten von Rind und Schwein" mit praktischen Tips und Rezepthinweisen
14. 11. 1928	„Zucht und Marktfertigmachen des Geflügels" mit Hinweisen zur Legeleistung in Zusammenhang mit Fütterung und Aufstallung
5. 12. 1928	Weihnachtsfeier mit Bericht über die Vertreterinnenversammlung in Kiel und Bericht der Beraterinnen, insbesondere der hauswirtschaftlichen Beraterin zur Arbeitserleichterung durch gesunde Arbeitshaltung und ergonomisches Arbeitsgerät
8. 1. 1929	„Das ländlich-hauswirtschaftliche Lehrlingswesen", anschließend Vorführung des neuesten „Schleswig-holsteinischen Geflügelfilms"
14. 2. 1929	„Wärmewirtschaft und sachgemäßes Heizen im Landhaushalt" mit Einführung in die Technik der Ofenkonstruktion und Möglichkeiten der besten Wärmeausnutzung
14. 3. 1929	„Fruchtwechsel und Düngung im Haus- und Gemüsegarten"
22. 4. 1929	„Unfallverhütung", gemeinsame Vortragsveranstaltung mit dem städtischen Hausfrauenverein Marne
24. 5. 1929	Generalversammlung mit Ansprache des Landrates Dr. Pauly und Vortrag der Referentin der Landwirtschaftskammer, Frl. Koch zum Thema: „ Auf welche Weise kann die Frau dazu beitragen, die Not der Landwirtschaft zu erleichtern?", anschließend Vorführung des Filmes „Die deutsche Landfrau"
27. 6. 1929	„Die Krankenpflege und die Erste-Hilfe-Leistungen bei Unfällen" mit praktischen Vorführungen
27. 7. 1929	Teilnahme des Vorstandes an der Delegiertenversammlung des Landwirtschaftlichen Kreisvereins
1. 8. 1929	„Gärlose Früchteverwertung und Saftbereitung"
24. 9. 1929	Arbeitsnachmittag mit Übungen in der Blumenkranzbinderei
22. 10. 1929	„Neuzeitliches Kochen und Rohkost"
19. 11. 1929	„Kälberaufzucht und Fütterung"
27. 11. 1929	Kursus im Bast- und Pettigrohrflechten
12. 12. 1929	Weihnachtsfeier mit Ansprache des Marner Pastors und anschließender Kaffeetafel
4. 2. 1930	„Erziehungsfragen in der Reifezeit" mit pädagogischen Anregungen zur Bewältigung von Pubertätsproblemen, insbesondere der Persönlichkeitsbildung durch Sport, gute Lektüre und vorbildhaftes Verhalten der Erwachsenen
8. 3. 1930	„Praktische und unpraktische Haus- und Küchengeräte" mit Filmvorführung
25. 4. 1930	„Geflügelhaltung und Geflügelaufzucht"
30. 5. 1930	„Die Landfrau in ihren Aufgaben als Staatsbürgerin" mit Informationen über die Regelung von Landfrauenangelegenheiten durch die Landwirtschaftskammer
8. 7. 1930	„Werte der Gesundheit und Körperpflege für die Landfrau"
17. 9. 1930	„Land und Leute in Dithmarschen"
21. 10. 1930	„Pflege und Beschneiden von Obstbäumen"
7. 11. 1930	Seefischkochkurs mit Vortrag und praktischen Übungen veranstaltet durch die Gesellschaft für Deutsche Hochseefischerei, Cuxhaven
12. 12. 1930	Weihnachtsfeier mit Kaffeetafel und Krippenspiel

Nach dem Protokollbuch des Landwirtschaftlichen Hausfrauenvereins Marne 1928–1930

Die Landwirtschaftlichen Hausfrauenvereine veranstalteten einmal im Monat ein Treffen, bei dem Vorträge über ländlich-hauswirtschaftliche Belange gehalten wurden.

Besonders eng war die Zusammenarbeit zwischen dem Provinzialverband und den hauswirtschaftlichen Schulen und Bildungseinrichtungen der Landwirtschaftskammer. Viele Bildungsstätten gingen in ihrer Entstehung auf die Bemühungen des Frauenverbandes zurück, so etwa die Mädchenklassen an den Landwirtschaftsschulen oder das weibliche Lehrlingswesen auf den Höfen. Im Gegenzug leisten diese Einrichtungen wiederum wichtige Werbungsarbeit für das Vereinswesen.
Mitte der 20er Jahre konnte der Verband durch seine intensive Öffentlichkeitsarbeit zahlreiche neue Vereinsgründungen in Schleswig-Holstein anregen. Die Neugründungen erfolgten im Gegensatz zur Kriegszeit hauptsächlich in den vorwiegend bäuerlich geprägten Regionen. Städtische Interessen kamen nun nicht mehr zum Tragen und die Vereine wurden zu rein beruflichen Interessenorganisationen der Bäuerinnen. Neben einem Bildungsangebot gehörte während der Zeit der Agrarkrise die praktische Selbsthilfe zu ihren Hauptanliegen, die gleichzeitig zu einer Stärkung der beruflichen Solidarität unter den Landfrauen führte.
1929 waren dem Provinzialverband rund 20 Einzelvereine angeschlossen, nämlich in Eckernförde, Husum, Kiel, Flensburg, Itzehoe, Kollmar, Krempe, Lütjenburg, Neumünster, Norderdithmarschen, Plön, Preetz, Probsteierhagen, Rendsburg, Schleswig, Schönberg, Segeberg, Süderdithmarschen, Südtondern und Wilster. 1932 wurden dann bereits 34 Mitgliedsvereine gezählt und damit war die gesamte Provinz mit einem Netz von Landwirtschaftlichen Hausfrauenvereinen überzogen, die mit ihren Aktivitäten jede Bäuerin und jedes noch so entlegenen Dorf erreichten.
Die Arbeit in den einzelnen Vereinen war überall ähnlich organisiert. An ihrer Spitze stand jeweils die Vorsitzende mit ihren beiden Vertreterinnen. Weitere Ämter übenahmen die Schriftführerin, die Kassenwartin und die „Bezirksdamen“, die als Kontaktpersonen in den einzelnen Dörfern die Vereinsarbeit organisieren, sowie „Fachberaterinnen“ für Geflügelzucht, Gartenbau und Haushalt. Die Vereine luden in etwa vierwöchigem Rhythmus ihre Mitglider und andere Interessierte zu einem Treffen ein, in dessen Mittelpunkt jeweils ein Fachvortrag aus dem Bereich der ländlichen Hauswirtschaft stand. Die Referenten wurden meist durch den Provinzialverband an die einzelnen Vereine vermittelt. Das Themenspektrum war ausge-

sprochen breit, es reichte von praktischen Belehrungen zur Geflügelzucht und zum Gartenbau über Kochkurse, Einmachtips, Anleitungen zur Haushaltsbuchführung, Grundlagen der Haustechnik und modernes Küchengerät bis hin zu Krankenpflege und Kindererziehung. Auch agrarpolitische Themen wurden behandelt, insbesondere solche, die die Situation der Landfrauen während der landwirtschaftlichen Krisenzeit betrafen, wie etwa die volkswirtschaftliche Bedeutung der Hausarbeit oder die Aufgaben der Frau als Staatsbürgerin.

Die Mitgliedertreffen der Vereine, für die die Frauen oft stundenlange Fahrten auf sich nahmen, galten neben der Information der Landfrauen auch der Geselligkeit. Vielfach wurden Kaffeetafeln veranstaltet oder gemeinsame Ausflüge gemacht, oft verbunden mit einer Besichtigung. Auf den Treffen wurden außerdem aktuelle Probleme der ländlichen Hauswirtschaft besprochen, etwa die jahreszeitlich anstehenden Gartenarbeiten. Praktische Selbsthilfe organisierten die Landfrauen, indem sie im Verein Geräte anschafften, z. B. Obstbaumspritzen oder Brutkästen, die von den Mitgliedern benutzt werden konnten. Es wurden außerdem Tauschbörsen für Gartenpflanzen veranstaltet oder gemeinsam günstige Großbestellungen für Saatgut aufgegeben. Mit der Betreuung eigener Marktstände oder Verkaufsstellen in den Städten sicherten die Landfrauen den regionalen Absatz ihrer Waren.

Für das Vereinsleben spielte auch das landwirtschaftliche Ausstellungswesen eine zentrale Rolle. Die organisierten Landfrauen beschickten die Ausstellungen mit fachgerecht zubereiteten Produkten, um damit für ihre Arbeit und ihre Erzeugnisse zu werben. Sie besuchten gemeinsam die Schauveranstaltungen anderer Vereine und blieben so in engem Kontakt zueinander. Das rege Vereinsleben und die Präsenz in der Öffentlichkeit verschafften den Landfrauen ein starkes Gemeinschaftsgefühl und ein Selbstvertrauen, das ihnen während der Krisenjahre half, ihre harte Arbeit auf den Höfen zu bewältigen.

Der Landfrauenverband organisierte auch Freizeiten für die erholungsbedürftigen Bäuerinnen.

Das ländlich-hauswirtschaftliche Schulwesen der 20er Jahre

Der Werdegang des hauswirtschaftlichen Schulwesens war während des I. Weltkrieges und der Weimarer Republik immer eng verknüpft mit den allgemeinen agrarpolitischen Entwicklungen. Lehrpläne und Unterrichtsalltag wurden an die Erfordernisse der Krisenzeit angepaßt. So wurde zum Beispiel 1919 an der Haushaltungsschule Hademarschen im Rahmen der nationalen Geflügelzuchtkampagne ein Mustergeflügelhof eingerichtet.
Die beiden Haushaltungsschulen der Landwirtschaftskammer hatten in der Nachkriegszeit zunächst großen Zulauf. Durch die Kriegserfahrungen hatte sich in den Bauernfamilien die Erkenntnis durchgesetzt, daß eine fachgerechte Ausbildung der Töchter von großem wirtschaftlichem Nutzen war. Auch die Mädchen hatten ein größeres Interesse an einer landwirtschaftlichen orientierten Ausbildung entwickelt und zogen den Besuch einer renomierten Haushaltungsschule einer Anstellung in einer Wirtschaft vor. Die Schulausbildung galt insbesondere in den gehobenen bäuerlichen Schichten als sinnvolle und standesgemäße Überbrückung der „Jungmädchenzeit" und als Vorbereitung der Töchter auf ihre späteren Aufgaben als Landwirtsfrauen. Mitte der 20er Jahre erreichte die Zahl der Schülerinnen an den Instituten in Hademarschen und Glücksburg ihren Höchststand. 1924 wurde zudem eine weitere Haushaltungsschule mit 40 Plätzen unter der Trägerschaft des Kreises Süderdithmarschen in Albersdorf eingerichtet. Während der landwirtschaftlichen Krisenzeit der späten 20er Jahre war dann der Zulauf zu den Schulen für kurze Zeit zurückgegangen, weil die Bauern nicht das nötige Geld für die Ausbildung ihrer Töchter aufbringen konnten. Das generelle Interesse an einer Qualifikation der Mädchen war jedoch geblieben. Mit dem zunehmenden Ausbau des weiblichen Berufsbildungswesens kamen den Haushaltungsschulen Anfang der 30er Jahre auch übergeordnete Bildungsaufgaben zu, etwa bei Lehrlingsprüfungen oder als Veranstaltungsort von Fortbildungskursen und Tagungen. Der Besuch einer Haushaltungsschule galt als Voraussetzung für die weitere Ausbildung in vielen sozialen und landwirtschaftlichen Frauenberufen. Die Haus-

Landwirtschaftliche

Haushaltungsschule

Hademarschen

Lehranstalt der Landwirtschaftskammer
für die Provinz Schleswig-Holstein

Post- und Bahnstation: Hademarschen
Fernsprecher: Hanerau 96

Die Haushaltungsschulen der Landwirtschaftskammer in Hademarschen und Glücksburg waren in den frühen 20er Jahren sehr gut besucht, denn die Nachfrage nach einer fachgerechten Frauenbildung auf dem Land war gestiegen. Die Schulen entwickelten sich zu renomierten Zentren der Landfrauenbildung, für die die Kammer eigene Werbebroschüren wie diese hier herausgab.

Bei der praktischen Ausbildung in den Haushaltungsschulen, hier in Albersdorf, wurde immer auf die Vermittlung neuester Techniken und die Arbeit mit modernen Geräten geachtet. Hier lernten die Mädchen das Bügeln mit dem elektrischen Bügeleisen ebenso wie mit dem Kolbeneisen.

haltungsschulen entwickelten sich damit für alle Landfrauen zu Zentren ihrer beruflichen Qualifikation. Nach gut 25jährigem Bestehen hatten sie fast zweitausend Schülerinnen ausgebildet.
Die Unterrichtsinhalte wurden während dessen ständig modernisiert. Die Mädchen wurden mit allen neuen Haushaltstechniken vertraut gemacht, so auch mit elektrischen Geräten wie Staubsaugern, Waschmaschinen und Herden, selbst wenn diese für den einfachen Landhaushalt noch lange unerschwinglich blieben. Der hauswirtschaftliche Unterricht basierte auf den neuesten wissenschaftlichen Erkenntnissen der hauswirtschaftlichen Arbeitslehre und der Ökothrophologie. Die Schulen vermittelten alle Methoden und Techniken, die der Haushaltsrationalisierung dienten und bemühten sich um die Erziehung der Mädchen zu kompetenten, sparsamen und pflichtbewußten Landfrauen. Der Fächerkanon der Haushaltungsschulen umfaßte am Ende der 20er Jahre neben Haushaltungsunterricht und Landwirtschaft auch Wohlfahrtspflege, Gesundheitspflege, Heimatkunde, Staatsbürgerkunde, Deutsch,

Im Nähkurs wurden hauptsächlich einfache Wäschestücke gefertigt und Ausbesserungsarbeiten gemacht. Das Nähen von Oberbekleidung gehörte nicht zum Unterrichtspensum, es wäre im Landhaushalt auch zu aufwendig gewesen. Auch Sticken und langwierige feine Handarbeiten standen nicht mehr, wie in der Vorkriegszeit im Mittelpunkt, sondern eher die Anfertigung praktischer und haltbarer Haushaltstextilien.

Auch das Aufdecken des Eßtisches mußte gelernt sein. Die Schülerinnen der Haushaltungsschulen stammten aus der bäuerlichen Ober- und Mittelschicht, wo man in den Familien sehr auf gute Tischsitten achtete.

Literatur, Berufs- und Lebenskunde. Es wurde auch geturnt und musiziert, auf daß in den Schulen „fröhliche und gesellige, aber zugleich besinnliche und aufopferungsfähige Menschen, eben echte deutsche Hausfrauen erzogen würden", so formuliert in den Unterrichtsrichtlinien der Haushaltungsschule in Albersdorf. Vaterländisches Gedankengut prägte vielfach die ideologischen Grundlagen der Lehrpläne. Die Mädchenerziehung stand damit ganz im Sinne des neuen agrarischen Frauenleitbildes, mit seiner tiefen moralischen Verpflichtung gegenüber Familie, „Scholle" und Vaterland.
Das Interesse der Landfrauen an einer beruflichen Ausbildung war so groß, daß der Provinzialverband der Landwirtschaftlichen Hausfrauenvereine 1926 die Einrichtung weiterer Bildungsinstitute bei der Landwirtschaftskammer durchsetzen konnte. Es waren die Töchterkurse bzw. die Mädchenklassen an den bisher nur von jungen Männern besuchten landwirtschaftlichen Winterschulen. Sie richteten sich an Bauerntöchter, denen die Ausbildung an einer Haushaltungsschule zu teuer war und zu lange dauerte. Es handelte sich hierbei um Lehrgänge mit ganztägigem Unterricht, die in den im Sommer bisher ungenutzten Schulgebäuden stattfanden. Das Schulgeld betrug 60 Mark für einen fünfmonatigen Kurs zuzüglich eines Kostgeldes. Die Unterrichtsschwerpunkte lagen bei den haus- und landwirtschaftlichen Fächern, es wurde aber auch großer Wert auf die allgemeinbildenden Fächer wie Deutsch, Rechnen, Staatsbürger- und Lebenskunde gelegt. Den Abschluß der Kurse bildete eine öffentliche Prüfung der Schülerinnen, denen das Schulkuratorium, Vertreterinnen der Landfrauenorganisationen sowie die Honoratioren des Schulortes und die Eltern der Mädchen beiwohnten. In einer Ausstellung zeigten die Schülerinnen ihre hauswirtschaftlichen Produkte und stießen damit in der Regel auf großes öffentliches Interesse. Die Töchterkurse fanden so großen Anklang, daß innerhalb von zwei Jahren an zehn landwirtschaftlichen Schulen feste Mädchenklassen eingerichtet wurden, in denen jedes Jahr 200 bis 300 junge Frauen ausgebildet wurden.
Während die Haushaltungsschulen und die Mädchenklassen der Landwirtschaftsschulen hauptsächlich von den Töchtern der bäuerlichen Ober- und Mittelschicht besucht wurden, hatten die Mädchen aus den unteren ländlichen Sozialschichten nur wenige

Die jungen Mädchen waren sehr stolz auf den Besuch einer Landfrauenschule, denn er bildete eine besondere Station in ihrem Lebensweg. Bei regelmäßigen Ehemaligentreffen, wie hier der Glücksburger Schülerinnen und ihrer Lehrer, erinnerten sie sich an ihre Ausbildungszeit und hielten oft über viele Jahre lang Kontakt zueinander.

Möglichkeiten der beruflichen Bildung. Das ehemals für sie eingerichtete Wanderschulwesen war während des Krieges zum Erliegen gekommen und wurde nur in wenigen Landkreisen wiederbelebt, so in Dithmarschen, Pinneberg und Flensburg, wo die Kurse sehr regen Zulauf hatten. Das Interesse an einer Ausbildung für solche Mädchen war seitens der Landwirtschaft sehr gering, da die Landflucht inzwischen wegen der Kriegsereignisse eingedämmt war und infolge der Agrarkrise nur wenig Lohnarbeitskräfte gebraucht wurden. Vertreter der Wohlfahrt und Volksfürsorge dagegen bemühen sich in der Nachkriegszeit umso mehr um die jungen Frauen aus dem Kleinbauernstand und der Landarbeiterschaft. Mit einer rein hauswirtschaftlichen Ausbildung sollten in diesen Schichten fami-

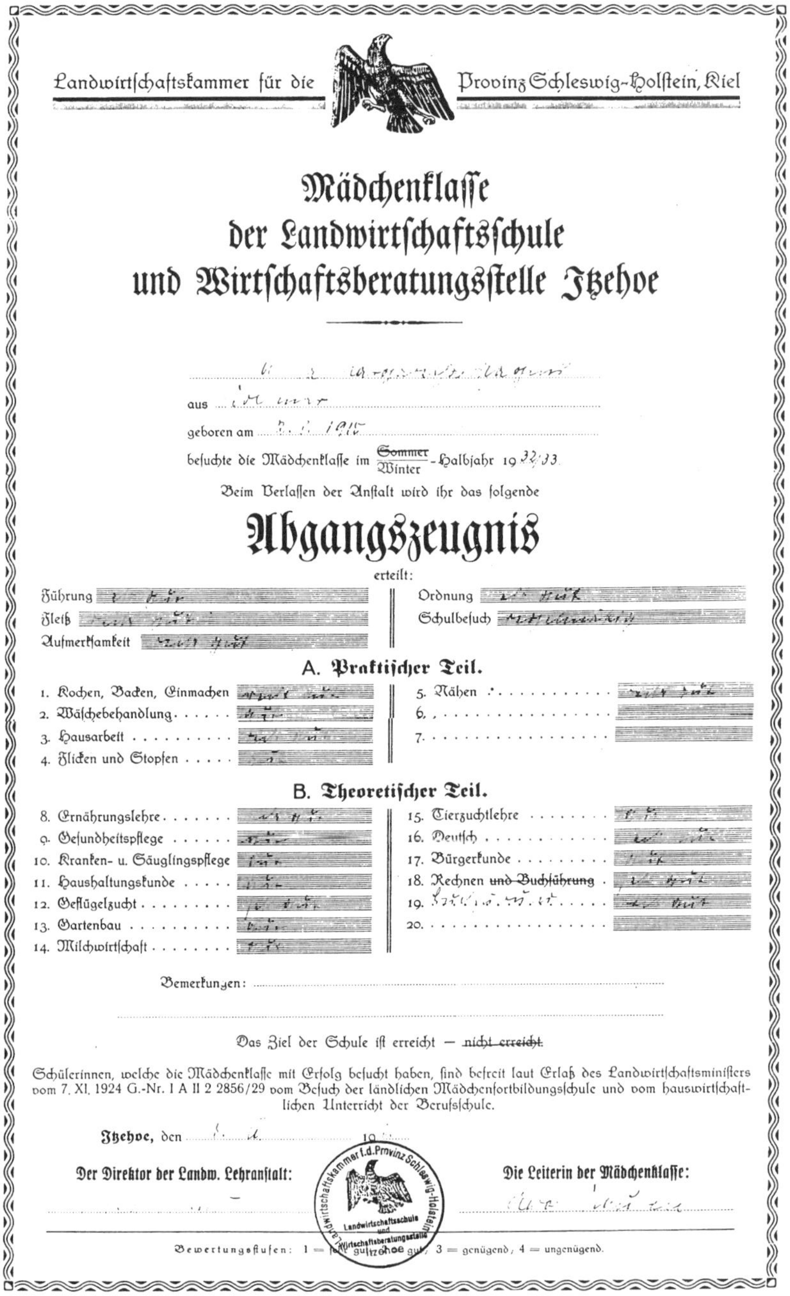

Landwirtschaftskammer für die Provinz Schleswig-Holstein, Kiel

Mädchenklasse der Landwirtschaftsschule und Wirtschaftsberatungsstelle Itzehoe

....

aus ....

geboren am ....

besuchte die Mädchenklasse im ~~Sommer~~ / Winter - Halbjahr 19 32/33

Beim Verlassen der Anstalt wird ihr das folgende

Abgangszeugnis

erteilt:

Führung ...... Ordnung ......

Fleiß ...... Schulbesuch ......

Aufmerksamkeit ......

A. Praktischer Teil.

1. Kochen, Backen, Einmachen
2. Wäschebehandlung
3. Hausarbeit
4. Flicken und Stopfen
5. Nähen
6.
7.

B. Theoretischer Teil.

8. Ernährungslehre
9. Gesundheitspflege
10. Kranken- u. Säuglingspflege
11. Haushaltungskunde
12. Geflügelzucht
13. Gartenbau
14. Milchwirtschaft
15. Tierzuchtlehre
16. Deutsch
17. Bürgerkunde
18. Rechnen ~~und Buchführung~~
19.
20.

Bemerkungen: ....

Das Ziel der Schule ist erreicht — ~~nicht erreicht.~~

Schülerinnen, welche die Mädchenklasse mit Erfolg besucht haben, sind befreit laut Erlaß des Landwirtschaftsministers vom 7. XI. 1924 G.-Nr. I A II 2 2856/29 vom Besuch der ländlichen Mädchenfortbildungsschule und vom hauswirtschaftlichen Unterricht der Berufsschule.

Itzehoe, den .... 19...

Der Direktor der Landw. Lehranstalt: Die Leiterin der Mädchenklasse:

Landwirtschaftskammer f.d. Provinz Schleswig-Holstein / Landwirtschaftsschule und Wirtschaftsberatungsstelle Itzehoe

Bewertungsstufen: 1 = ..., 2 = gut, 3 = genügend, 4 = ungenügend.

Mit dem Abschlußzeugnis konnten die Mädchen eine Qualifikation nachweisen, die jedoch nicht als vollständige Berufsausbildung galt. Die neisten Absolventinnen der Mädchenklassen strebten eine weitere praktische Ausbildung im Landhaushalt an, nach Möglichkeit sogar eine hauswirtschaftliche Lehre

Töchterlehrgänge

an landwirtschaftlichen Schulen der Landwirtschaftskammer.

Dauer der Lehrgänge rund 5 Monate.

Landwirtschaftliche Schule in Garding,
Beginn 4. Mai, 9½ Uhr vormittags,

Landwirtschaftliche Schule in Hohenwestedt,
Beginn 4. oder 5. Mai, 10 Uhr vormittags,

Landwirtschaftliche Schule in Segeberg,
Beginn 11. Mai, 9 Uhr vormittags,

Landwirtschaftliche Schule in Flensburg,
Beginn wird später bekannt gegeben.

Schulgeld 12 RM. im Monat, Kostgeld 5 RM. die Woche.

Anmeldungen sind unmittelbar an die landwirtsch. Schulen zu richten.

Landwirtschaftskammer für die Provinz Schleswig-Holstein.

1926 richtet die Landwirtschaftskammer an den Landwirtschaftsschulen, die im Winter von den Bauernsöhnen besucht wurden, erstmals Töchterkurse für das Sommerhalbjahr ein. Sie waren für Mädchen bestimmt, denen die Ausbildung an einer Haushaltungsschule zu aufwendig und zu teuer war und denen eine praktische Ausbildung im Haushalt nicht genügte. Weil der Andrang so groß war, wurden in den Folgejahren an fast allen Landwirtschaftsschulen der Kammer derartige Mädchenklassen eröffnet.

liäre Werte gefestigt werden und durch Fachkenntnisse die Gesundheit und Ernährung der Familien gesichert werden. Außerdem galt es, die jungen Frauen, die während des Krieges in den Städten gearbeitet hatten, in den ländlich-häuslichen Lebenskreis zurückzuführen. 1922 forderte das Provinzial-Wohlfahrtsamt die Einführung von hauswirtschaftlich ausgerichteten Pflichtfortbildungsschulen für alle Mädchen auf dem Land. Sie wurden jedoch erst während der Herrschaft der Nationalsozialisten realisiert, die das Wanderschulsystem 1933 vollständig abschafften.

Die geschichtliche Entwicklung, des sozial-hierarchisch gegliederten weiblichen Bildungswesens auf dem Land zeigt deutlich ein Auseinanderdriften der hausfraulichen Tätigkeitsfelder der groß- und mittelständischen Bauerschaft auf der einen Seite und der klein- und unterbäuerlichen Schichten auf der anderen Seite. Die Bauertöchter wurden in den Schulen auf die Arbeiten im landwirtschaftlichen Betrieb vorbereitet, während die Töchter der Landarbeiter und Siedler im Bereich der Familienfürsorge ausgebildet wurden. Auch wenn sie auf den kleinen Höfen viele landwirtschaftliche Arbeiten übernehmen mußten, so wurde eine entsprechende Ausbildung hierfür nicht angeboten.

Die hauswirtschaftliche Frauenbildung auf dem Land wurde in den 20er Jahren noch von vielen anderen öffentlichen und privaten schulischen Einrichtungen betrieben, zum Beispiel auch von den Volkshochschulen. Daneben gab es die besonderen Fachschulen, wie etwa Gartenbau-, Geflügelzucht- und Imkereischulen sowie spezielle Eliteschulen, zum Beispiel die Koloniale Frauenschule in Rendsburg. Insgesamt konnten um 1930 etwa 30 Institute gezählt werden, in denen jährlich ca. 1000 Mädchen unterrichtet wurden. Damit hatte sich ein umfassendes Bildungssystem etabliert, das junge Frauen der unterschiedlichsten sozialen Schichten erfaßte und das hauswirtschaftliche Wissen auf dem Land auf professionelle Weise festigte und modernisierte.

Das Spektrum der ländlich-hauswirtschaftlichen Bildungseinrichtungen war in den 20er Jahren ausgesprochen breit. Darunter waren auch elitäre Institute wie die Koloniale Frauenschule in Rendsburg, wo Farmerstöchter aus Übersee und Mädchen, die dorthin heiraten wollten, ausgebildet wurden. Die Schwerpunkte lagen hier weniger bei der Landwirtschaft, als vielmehr bei den musischen Fächern, denn es galt als die Aufgabe der Frauen, im Ausland vor allem das deutsche Kulturgut zu pflegen. Die Arbeit im Garten auf diesem Foto ist offenbar gestellt, die Kleidung der Mädchen ist hierfür allzu unpassend.

Das hauswirtschaftliche Lehrlingswesen auf dem Land

Neben der Einrichtung von Schulen bemühten sich die Landfrauen auch um die Verbesserung der betrieblichen Ausbildung der Bauerntöchter auf den Höfen. Hier fehlte es bisher an verbindlichen Regelungen für die Anstellung junger Mädchen und ihre Unterweisung in der praktischen Hausarbeit. Nach dem Vorbild der Schulabschlüsse sollten den Mädchen auch bei der innerbetrieblichen Ausbildung fundierte Kenntnisse vermittelt werden und eine behördlich anerkannte Prüfung abgenommen werden, mit der sie dann ihre berufliche Qualifikation nachweisen konnten.

1926 wurden in Schleswig-Holstein von der Landwirtschaftskammer entsprechende Richtlinen für die Einführung eines weiblichen Lehrlingswesens erlassen. Sie sahen vor, daß junge Mädchen zwei Jahre in einer bäuerlichen Wirtschaft angestellt und von einer besonders kompetenten Landfrau in allen Belangen des Haushaltes unterwiesen werden sollten. Am Ende der Ausbildung mußten sie eine Prüfung vor einem Gremium des Landfrauenverbandes ablegen. Sie führten danach die staatlich anerkannte Berufsbezeichnung der „ländlichen Hauswirtschaftsgehilfin". Dieser Abschluß war eine Grundlage für die Weiterqualifikation in vielen neuen Frauenberufen, wie etwa der Hauswirtschaftsleiterin oder der Lehrerin der ländlichen Haushaltungskunde. Die Lehrlingsausbildung bildete keine Konkurrenz zur schulischen Bildung, sondern war eine praktische Ergänzung dazu.

Ein umfassendes Regelwerk sollte die Qualität und Einheitlichkeit der Ausbildung garantieren. Die Lehrverträge wurden von der Landwirtschaftskammer kontrolliert und eine Lehrbefähigung wurde nur einer besonders ausgebildeten Landfrau zuerkannt. Sie mußte regelmäßig an Fortbildungsveranstaltungen teilnehmen, sollte Mitglied in einem Landfrauenverein sein und ständig eine hauswirtschaftliche Fachzeitschrift halten. Ihr Haushalt mußte modern ausgestattet sein und alle wichtigen Arbeitsgebiete umfassen. Die Lehrfrau war verpflichtet, sich gewissenhaft um die Ausbildung der Mädchen zu kümmern. Die Mädchen dagegen mußten alle ihnen übertragenen Arbeiten sorgsam und ohne Widerspruch ver-

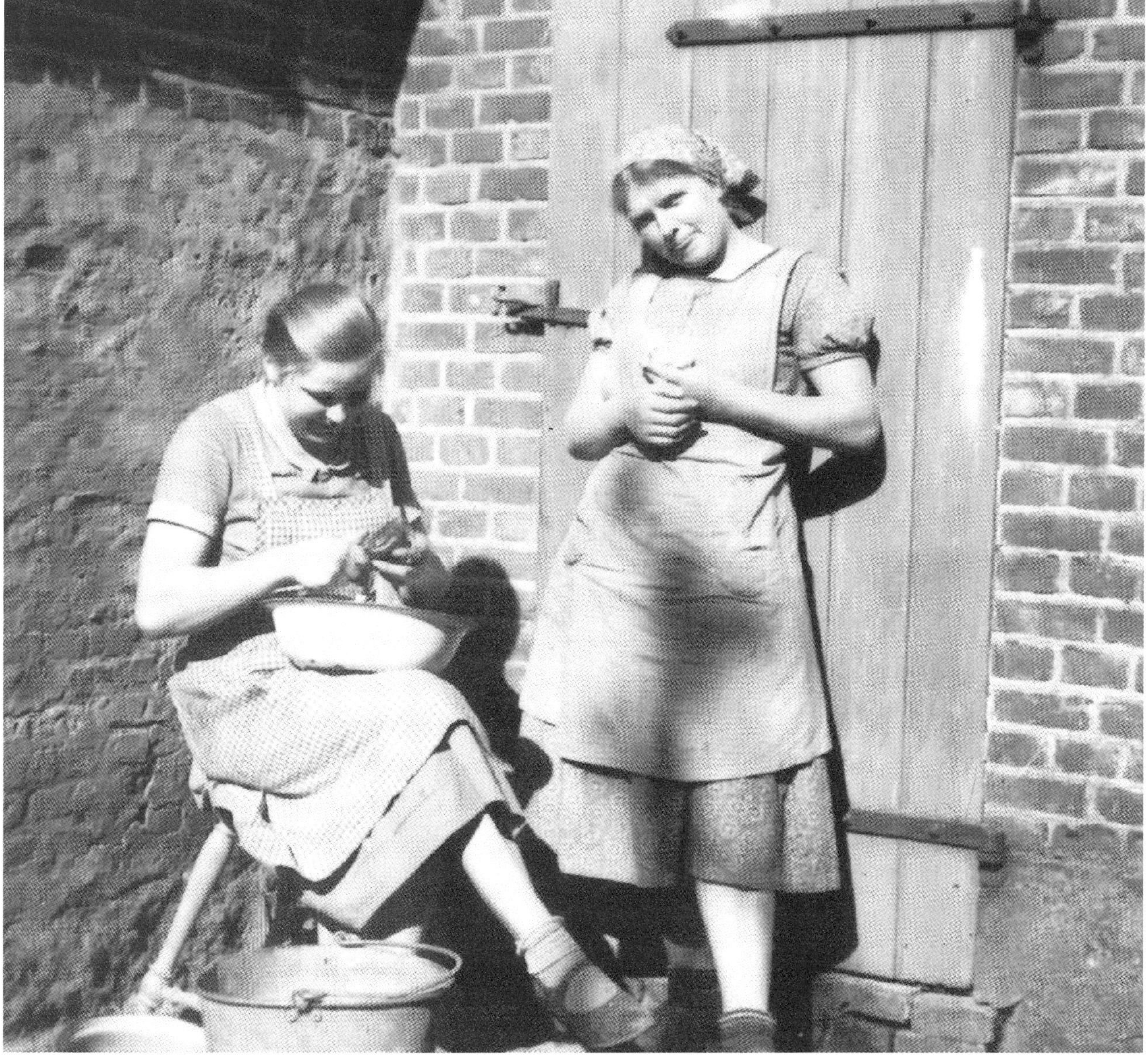

Das ländlich-hauswirtschaftliche Lehrlingswesen regelte seit 1926 offiziell die landwirtschaftliche Ausbildung junger Mädchen auf den Bauernhöfen. In den meisten Wirtschaften arbeiteten jeweils zwei Lehrlinge. Dabei konnte das erste Mädchen das zweite mit anleiten, so daß beide zusammen eine vollwertige Arbeitskraft ersetzten.

Die Lehrlinge wurden in allen Arbeitsbereichen des Hofes eingesetzt, auch das Melken und das Kälbertränken mußten sie übernehmen. Ihr Arbeitstag war straff organisiert,

richten. Sie wohnten auf den Lehrhöfen in eigenen Kammern und nahmen mit der Familie zusammen die Mahlzeiten ein. Sie standen unter der Obhut und der erzieherischen Autorität der Bäuerin. Die Arbeitszeit der Lehrlinge war den betrieblichen Erfordernissen angepaßt, ihnen sollten jedoch eine neunstündige Nachtruhe gewährt werden. Die Mädchen mußten jeden Abend über ihre Arbeiten und das Gelernte Buch führen; das „Merkbuch" mußte dem Prüfungsausschuß vorgelegt werden. Da die Prüfungsergebnisse namentlich im Landwirtschaftlichen Wochenblatt bekanntgegeben wurden, standen Mädchen und Lehrfrauen unter großem Druck der Öffentlichkeit. Hierdurch wurde ihr Bemühen um eine qualifizierte Ausbildung und gute Prüfungsergebnisse verstärkt.
Die offizielle Einführung des Lehrlingswesens stieß auf großes Interesse der Bäuerinnen. Viele bewarben sich selbst um eine Anerkennung als Lehrfrau oder bemühten sich um Ausbildungsplätze

alle anfallenden Arbeiten mußten pünktlich und exakt ausgeführt werden und genau in die Betriebsabläufe des Hofes eingepaßt werden.

für ihre Töchter. Schon 1926 konnten die ersten Prüfungen abgehalten werden, 1927 waren bereits sechzig Lehrlinge gemeldet und 1930 wurden in Schleswig-Holstein knapp 200 Lehrwirtschaften gezählt, die in der Regel jeweils zwei Mädchen ausbildeten. Es waren meist großbäuerliche oder mittelständische Betriebe mit 20 bis 200 ha Land, die sich besonders für das Lehrlingswesen eigneten, weil die Mädchen hier genau in die Arbeitsfelder eingeführt wurden, die sie als spätere Landwirtsfrauen beherrschen mußten. Auch in Gutswirtschaften wurden Lehrmädchen ausgebildet, allerdings hatten die adeligen Lehrfrauen oft andere Vorstellungen von ihren Pflichten und Aufgaben als die Bäuerinnen. Auf den Bauernhöfen arbeiteten die Lehrlinge wie ehedem die jungen Mädchen an der Seite der Lehrfrau, die meist alle hauswirtschaftlichen Arbeiten selbst verrichtete oder beaufsichtigte. In den Gutswirtschaften dagegen wurden die Lehrlinge oftmals von Wirtschafterinnen oder

Die Geflügelzucht war ein Arbeitsfeld, auf das bei der Lehrlingsausbildung besonderer Wert gelegt wurde. Die Mädchen erlernten nicht nur die praktischen Arbeiten, sondern mußten sich auch theoretische und organisatorische Kenntnisse aneignen, wie etwa über Futterzusammensetzung, Geflügelkrankheiten, Stalleinrichtung oder Buchführung.

SOMMER: Geflügelwoche, Freitag, den 7. Juli, 1933

Helles Sonnenlicht flutet schon in unser Zimmer, wenn wir im Sommer um 4 Uhr geweckt werden. Nach kurzem Besinnen sind wir aus den Federn und ziehen uns an. Dann geht jede von uns an ihre Arbeit. Ich habe Geflügelwoche. Meine erste Arbeit ist, in der Waschküche Feuer unter den Kessel zu legen, denn in der Küche wird die Milch zum Käsen erhitzt. Wenn das Feuer lustig knistert, geht's rüber zum Kuhschauer zum Melken. Ach, wie ist der Morgen schon so schön! Haben wir alle Milch in der Milchkammer, sorge ich für die Kälber, die auf der Wiese schon auf das Klappern der Eimer warten. Nun sollen die Hühner versorgt werden, die fleißigen Legerinnen sind schon auf den Weiden und suchen Futter, doch schnell kommen sie, sobald sie das Nahen der Futtereimer spüren. So, auch die Hühner sind zu ihrem Recht. Heute ist Freitag, da feudele ich den Gang und die Leutekammer, nachdem ich in dieser das Bett gemacht habe. Schnell wird noch die Waschküche geschrubbt und oben noch ein Schlafzimmer gemacht, und meine Morgenarbeit ist beendet. Nun geht's mit der Kiepe auf dem Rücken zum Gemüseland zum Erbsenpflücken. Ach, aber der Vormittag ist so kurz! Um 10 Uhr geht's wieder nach Haus. Das Geflügel will gefüttert, die Kühe gemolken werden und die Kälber verlangen wieder Milch. Um 11 1/4 Uhr sitzen wir alle hungrig zu Tisch. Nach dem Essen trockne ich ab und schrubbe die Töpfe. Dann wird der lange Arbeitstag unterbrochen durch eine Mittagsstunde. Frisch und ausgeruht erscheinen wir wieder unten. Ich rupfe noch ein Hähnchen, das sich jemand als Sonntagsbraten bestellt hat. Dann geht's aufs Feld zum Heuen. Eine Gluthitze ist, denn kein Wind regt sich. Doch mit frohem Scherz und gegenseitigem Aufmuntern geht auch hier die Arbeit frisch vor sich. Froh sind wir, wenn wir um 5 Uhr das Geflügel gefüttert haben und im kühlen Kuhschauer auf der Melkbank sitzen. Die Kälber bekommen wieder ihre Milch. Dann wird gegessen, ich trockne wieder ab und räum das Geschirr fort. Wirklich müde sind wir dann aber. Zum Schreiben oder Nähen haben wir keine Lust mehr. Die Zeitungen werden noch durchgelesen, ob neues aus der Heimat darin steht. Wenn alle Hühner ihre Schlafplätze aufgesucht haben, schließe ich noch die Geflügelställe und schnell geht's dann ins Bett, damit wir am anderen Morgen wieder frisch sind.

(Lehrlings-Merkbuch der A. M. Magens, 1933)

Die Lehrlinge mußten über ihre Arbeit genau Buch führen. In einem Merkbuch, das später zu den Prüfungsunterlagen gehörte, wurden Arbeitsorganisation, Rezepte, Haushaltstips und Tagesabläufe festgehalten. In den Beschreibungen kommen besonderer Eifer und Fröhlichkeit bei der Arbeit zum Ausdruck, die nicht immer der Realität entsprochen haben mögen. Sie zeigen jedoch deutlich die Arbeitshaltung, die von den jungen Frauen gefordert wurde.

Köchinnen angeleitet, während die Lehrfrau nur die Organisation der Ausbildung übernahm. Auf den Bauernhöfen hatten die Mädchen Familienanschluß, in den Gutswirtschaften dagegen gehörten sie eher zum Hauspersonal. Unterschiedlich war auch die Auffassung über die Entlohnung der Lehrlinge: Während die Bäuerinnen ihnen wenigstens im zweiten Ausbildungsjahr ein Taschengeld zubilligen wollten, forderten die Gutsbesitzerfrauen sogar ein

Auch die Hausarbeit wollte fachgerecht gelernt sein. Beim Frühjahrsputz mußten die Mädchen die Matzratzen gründlich ausklopfen.

Lehr- oder Kostgeld für ihren Aufwand bei der Ausbildung. Die Bäuerinnen, die vielleicht dabei an die Ausbildung ihrer eigenen Töchter dachten, wollten sich ihre Lehrtätigkeit nicht bezahlen lassen. Über dieses Thema kam es zu einer langanhaltenden Auseinandersetzung innerhalb des Landfrauenverbandes, in der Standesdünkel und soziale Konflikte zwischen Bäuerinnen und Gutsbesitzerfrauen sehr deutlich wurden.

Der Anteil gutswirtschaftlicher Ausbildungsstellen blieb entsprechend gering, denn die Eignung bäuerlicher Betriebe für das Lehrwesen war ohnehin besser. Die Mädchen, die nur ein geringes Taschengeld erhielten, ersetzten teures Personal und waren doch gut motivierte Arbeitskräfte. Sie konnten in allen Betriebsbereichen eingesetzt werden, in Küche, Haushalt, Garten, Geflügelhof,

Die Lehrzeit war auf den großen Höfen, wo mehrere Mädchen tätig waren, oft sehr gesellig, denn viele Arbeiten wurden gemeinsam verrichtet.

Milchwirtschaft, und sie gingen sogar mit aufs Feld, wenn es erforderlich war. Sie waren in ihrer Arbeit dem gleichen Leistungsgedanken verpflichtet, wie die Lehrfrau. Meist absolvierten die Mädchen die beiden Ausbildungsjahre auf dem selben Lehrbetrieb. Dies war günstig für die Wirtschaften, denn, wenn ein Mädchen ein Jahr lang angelernt worden war, arbeitete es im nächsten Lehrjahr schon so selbständig, daß es nebenbei den zweiten Lehrling mit anleiten konnte.

Die abschließende Prüfung der Ausbildung erfolgte in einem fremden Haushalt, meist in einer großen Gutsküche oder in einer Haushaltungsschule. Jedes Mädchen mußte einen Tag lang unter der Aufsicht einer Vertreterin der Landwirtschaftskammer verschiedene praktische hauswirtschaftliche Aufgaben bewältigen. An-

Meine ländlich-hauswirtschaftliche Lehrlingsprüfung
auf Gut Grünthal am 21. Sept. 1926:

In „Die Deutsche Landfrau", verfaßt von der Vorsitzenden des Reichsverbandes Landwirtschaftlicher Hausfrauenvereine Frau Elisabeth Boehm, las ich zuerst vom ländlich-haushwirtschaftlichen Lehrlingswesen. Dann schrieb man im landwirtschaftlichen Wochenblatt für Schleswig-Holstein von der ländlich-hauswirtschaftlichen Lehrlingsprüfung im Frühjahr 1926. Da faßte ich den Plan, an der Herbstprüfung teilzunehmen, weil ich dann zwei Jahre im Landhaushalt tätig gewesen war, das halbe Jahr in der Dithmarscher Haushaltungsschule wurde mit angerechnet. Ein halbes Jahr war ich auf einem großen Hofe auf Fehmarn und ein ganzes im größeren Landhaushalte im Kreise Rendsburg. Ich meldete mich rechtzeitig zur Herbstprüfung an und erhielt auch bald die Zulassung zur Prüfung, darauf schickte ich meine Zeugnisse und Lebenslauf ein und mir wurde die Zeit der Prüfung mitgeteilt, das war am 22. September auf Gut Grünthal bei Schuby in Schwansen. Am 20. September fuhr ich mit der Bahn nach Schuby: Im Zuge traf ich mit den drei anderen Prüflingen zusammen. Auf dem Bahnhof in Schuby wurden wir von Frau Gutspächter Siemers empfangen und lernten zugleich die Damen der Prüfungskommission , die auch im Zuge eintrafen, kennen: Das waren als Kammervertreterin Frau Gabriel aus Glücksburg, als Vertreterin der landwirtschaftlichen Hausfrauenvereine Frau Dr. Stedtfeld aus Bramstedt und Frau Gutspächter Siemers als Landfrau. Die kurze Strecke zum Gutshofe legten wir zu Fuß zurück. Nachdem wir das Abendbrot eingenommen hatten, besichtigten wir noch den Gutshof mit seinen neuen, mustergültig eingerichteten Wirtschaftsgebäuden. Früh begaben wir uns zur Ruh, denn unser harrte ein ereignisvoller Tag. Am nächsten Morgen um 7 Uhr wurden wir geweckt und nachdem wir den Kaffee eingenommen hatten, begann die Prüfung. Zuerst ging's in den Geflügelhof. Jedem Prüfling wurde durch Los seine Arbeit zugeteilt. Zwei von uns mußten ein Huhn schlachten und rupfen, eine andere den Stall reinigen und Futter mengen, und die letzte ein Brutnest in Ordnung bringen. Danach nahmen wir die Theorie der Geflügelzucht durch, wir berührten kurz die Fütterung des Geflügels, die zweckmäßigen Stallungen, die Aufzucht der Küken und den Wert und die Mast des Wassergeflügels. Um 9 Uhr begannen wir mit den Besprechungen über Kochen, Backen, Schlachten, Einmachen, ferner über Ernährungslehre und den Küchenzettel. Dann wurde wieder durch Los jedem Prüfling seine Arbeit in der Küche zugeteilt, auch zum Nachmittag mußten wir backen und für das Abendbrot im voraus sorgen. Jede hatte genug zu tun mit der Herrichtung der Speisen, und um 1 Uhr konnten wir das Mittagessen anrichten. Wir nahmen gemeinsam mit den Prüfungsdamen das Mahl ein. Dann mußten wir die Küche in Ordnung bringen und den Kaffeetisch decken, darauf ging's in die Wäschestube. Hier mußten wir Wäsche legen, rollen und plätten. Inzwischen nahmen wir den Kaffee ein. Dann haben wir noch geflickt und gestopft. Die Milchwirtschaft und den Gartenbau konnten wir nur in der Theorie behandeln. Die Milchbehandlung und die Käsebereitung haben wir besprochen und im Garten die Fruchtfolge, die Düngung, das Herrichten eines Mistbeetes und das Anlegen eines Erdbeerbeetes. Dann mußten wir noch das Abendessen herrichten und nach dem Abdecken nahm Herr Siemers uns mit in sein Zimmer und hier mußten wir ihm noch Antwort stehen über die Kälber- und Ferkelaufzucht. Um 10 wurden uns vorläufig die Ergebnisse dieses Tages mitgeteilt. Die schriftlichen Zeugnisse wurden uns später von der Landwirtschaftskammer übersandt. Am nächsten Morgen fuhren wir zurück über Kappeln und von hier mit dem Dampfer nach Kiel und von da nach Haus.

(Bericht der Hilda Thöming von einer der ersten Lehrlingsprüfungen in Schleswig-Holstein am 21. 9. 1926 auf Gut Grünthal, abgedruckt in der Schulzeitung der Dithmarscher Haushhaltungsschule Prinzeß-Irene-Heim in Albersdorf, Heft 3, 1. Jahr)

Die Lehrlingsprüfungen wurden durch eine offiziell von der Landwirschaftskammer eingesetzten Kommission abgenommen. Von den Lehrlingen wurde ein standardisiertes Fachwissen gefordert, mit dem die ländliche Hauswirtschaft allmählich überall auf ein einheitliches Niveau gebracht wurde.

Auch das Waschen der Legenester war Lehrlingsarbeit.

schließend wurden die theoretischen Kenntnisse mündlich abgefragt. Das hohe Niveau der Prüfung garantierte eine wirkliche Qualifikation der Absolventin.

Das Lehrlingswesen trug damit wesentlich zu einer Anerkennung und Hebung des Landfrauenberufes bei. Es löste gleichzeitig die teilweise noch vorhandenen Strukturen des weiblichen Gesindewesens in Schleswig-Holstein ab. Lehrmädchen übernahmen bald auf vielen Höfen die Arbeit des Personals und die Ausbildung zur Hauswirtschaftsgehilfin wurde für die Bauerntöchter zur Regel. Wurde diese Ausbildung durch den Besuch einer Haushaltungsschule noch ergänzt, so konnte die zukünftige Landfrau eine ausgezeichnete und in Landwirtschaftskreisen hoch anerkannte Berufsbildung vorweisen.

Der Weg in den Nationalsozialismus

Gegen Ende der 20er Jahre erfolgte ein langsamer Wechsel in den von den Landfrauenorganisationen vertretenen Inhalten. Der Schwerpunkt lag nun nicht mehr bei der reinen beruflichen Selbsthilfe, sondern bei einer vermehrten politischen Einflußnahme auf die Frauen von eindeutig konservativ-nationaler Ausrichtung. Die Politisierung der Landbevölkerung während der Krisen der Weimarer Republik ergriff auch die Landfrauen, wenn auch in anderer Weise als die Bauern, die ihren Protest in den Aktionen der Landvolkbewegung zum Ausdruck brachten.
Schon seit dem I. Weltkrieg war den Bäuerinnen die volkswirtschaftliche Bedeutung ihrer Arbeit bewußt gemacht worden. In den Schulen hatten die jungen Mädchen gelernt, welche Aufgaben und Pflichten eine „deutsche Hausfrau" erfüllen mußte. In der Zeit der wirtschaftlichen Not der 20er Jahre wurden die vaterländischen Verpflichtungen immer stärker betont. In den Presseorganen und in den Bildungsveranstaltungen des landwirtschaftlichen Frauenverbandes erfolgten vielfältige Aufrufe an die Landfrauen, nur heimische Waren zu konsumieren, um den wirtschaftspolitisch unerwünschten Import von Auslandsprodukten gering zu halten. „Das deutsche Huhn im deutschen Kochtopf" lautete das Motto, unter dem die Landfrauen belehrt wurden, lieber inländische Erzeugnisse zu verwenden. Es sollten Äpfel und Birnen gegessen werden anstelle von Apfelsinen und Bananen oder mit heimischen Roggenmehl gebacken werden anstelle von ausländischem Weizenmehl. Ebenso sollte auf Kolonialwaren wie Reis, Kaffee oder Maismehl im Haushalt verzichtet werden.
Solche Aufrufe waren zunächst noch vollkommen im Sinne der krisengeschüttelten Landwirtschaft, förderten sie doch den Absatz eigener Waren und schadeten der ausländischen Konkurrenz. Der Landfrauenverband schloß sich jedoch bald auch Bestrebungen an, die mit landwirtschaftlichen Interessen nichts zu tun hatten oder ihnen sogar entgegenliefen, wie etwa einer Werbeaktion zum vermehrten Seefischkonsum, einem Konkurrenzprodukt bäuerlicher Fleischerzeugnisse, das allerdings volkswirtschaftlich von großer Bedeutung war.

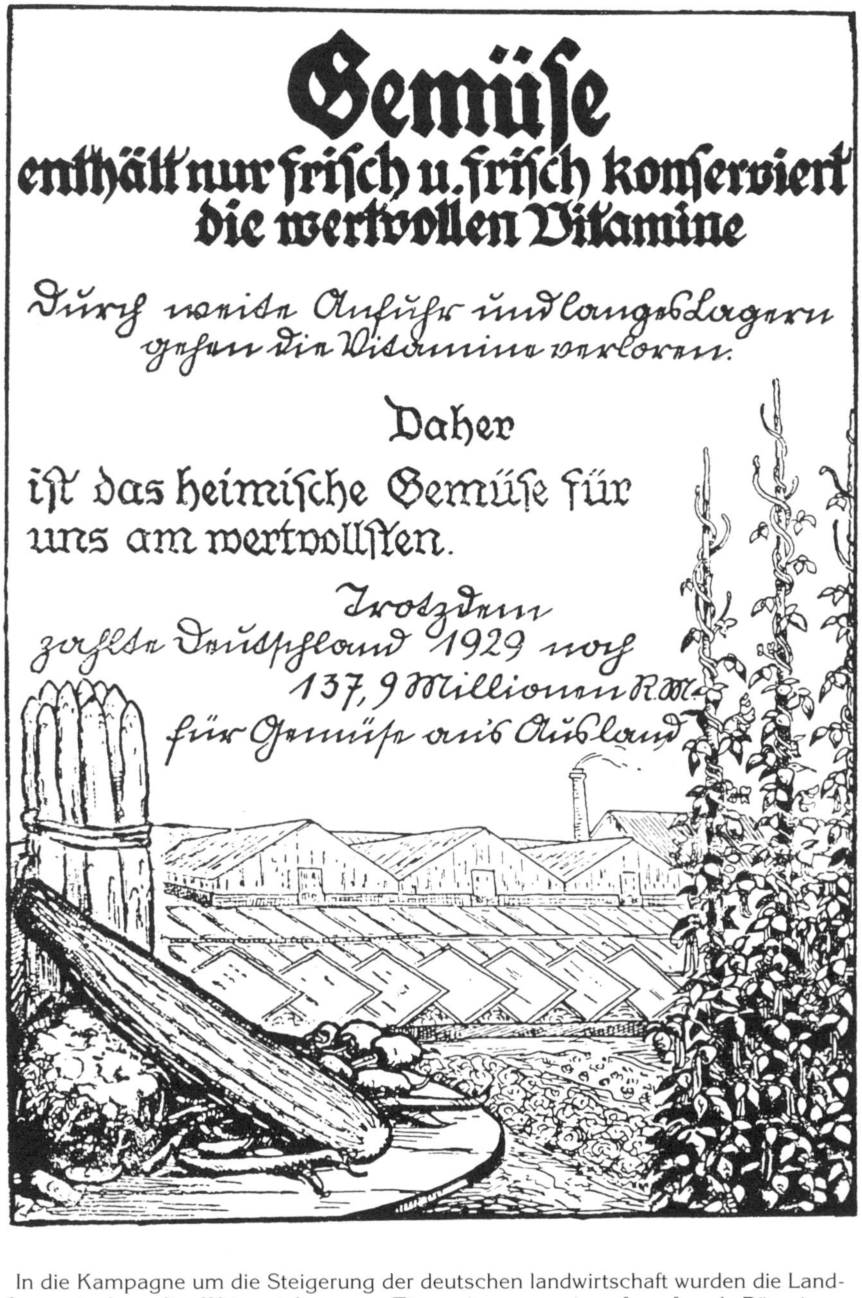

In die Kampagne um die Steigerung der deutschen landwirtschaft wurden die Landfrauen in doppelter Weise einbezogen: Einerseits waren sie aufgerufen als Bäuerinnen stets Waren erster Güte zu erzeugen, andererseits sollten sie als Hausfrauen nur deutsche Produkte kaufen. Immer wieder wurde auf die höhere Qualität der heimischen Erzeugnisse hingewiesen, wie hier 1931 in der Zeitschrift des landwirtschaftlichen Frauenverbandes „Gartenbau, Geflügelzucht und Haushalt“.

Nach der Machtübernahme der Nationalsozialisten wurden die Landwirtschaftlichen Hausfrauenverbände und ihre Verbandsorganisationen gleichgeschaltet und in den Reichsnährstand eingegliedert. Personell und inhaltlich änderte sich dabei zunächst nur wenig. Lediglich die organisatorische Eigenständigkeit wurde aufgegeben. Zur Gruppenaufnahme fanden sich die Landfrauen nun vor der Hakenkreuzfahne ein, wie hier bei einer Tagung in Meldorf 1933.

Die wichtigste Kampagne, die der Landwirtschaftliche Hausfrauenverband und seine Bildungseinrichtungen unterstützte, waren die „Deutschen Wochen", die 1931 in der ganzen Republik in Zusammenarbeit mit Industrie- und Handelsverbänden organisiert wurden. Mit Hilfe von Schaufensterdekorationen, Produktausstellungen, Vorträgen und Kulturveranstaltungen wurden die Frauen zum bewußten Konsum deutscher Erzeugnisse aufgerufen. An der Haushaltungsschule Hademarschen wurde beispielsweise ein „Deutscher Abend" mit etwa 400 Besuchern veranstaltet, auf dem Propagandareden gehalten und bäuerliche Volkstänze aufgeführt wurden.
Die Landfrauenorganisationen in Schleswig-Holstein standen in ihrer nationalpolitischen Ausrichtung auch der „Grenzlandbewegung" nahe, die um eine Rückgabe der an Dänemark gefallenen Gebiete Nordschleswigs kämpfte. 1931 führte eine „Reise durch verlorenes Land" etwa 450 Landfrauen nach Tingleff, und auch die Haushaltungsschulen veranstalteten Klassenreisen nach Nordschleswig. Das politische Engagement der Landfrauen zeigte sich dabei in seinen Inhalten wenig fundiert, und war eher emotionsgetragen und diffus. Es stand in krassem Gegensatz zu den sonst so aufgeklärten und fortschrittlichen Aktivitäten ihrer Berufsorganisationen, war aber eine zeittypische Erscheinung während der Krisen der Weimarer Republik mit ihren großen politischen Irritationen.
Wo es um kulturelle Aufgaben der Frauen ging, fanden bald auch nationalsozialistische Ideen und Begriffe Eingang in die Veröffentlichungen des landwirtschaftlichen Hausfrauenverbandes, obwohl sein Statut eine offizielle Parteinahme verbot. Dies ist nicht verwunderlich angesichts der Wahlerfolge, die die NSDAP in den bäuerlichen Kreisen seit Ende der 20er Jahre hatte.
Das während der Agrarkrise entstandene Wertgefüge und das politische Weltbild der bäuerlichen Bevölkerung zeigte eine große geistige Nähe zum Nationalsozialismus, so daß die NS-Propaganda hier auf fruchtbaren Boden fiel. Die Bauern hoffen nicht nur auf Hitlers Versprechen, die Höfe zu entschulden, sondern sie identifizierten sich vielfach mit der irrational-romantischen Bauerntumsideologie und den Zielen der „Blut-und-Boden-Politik". Dies galt auch für viele Landfrauen. Die Betonung familiärer Werte und die Glorifizierung eines bäuerlichen Lebensstils durch die Nationalsozialisten entsprach durchaus ihren Vorstellungen.

Die endgültige Machtübernahme Hitlers, die maßgeblich auch durch die Stimmen der Landbevölkerung zustande kam, brachte allerdings eine Entwicklung mit sich, die die Landfrauen nicht gutheißen wollten, nämlich die Gleichschaltung der Hausfrauenvereine und Verbände und ihre Eingliederung in den Reichsnährstand. Diese übergeordnete Institution faßte die Organisationen der Landwirtschaft und die Ernährungsindustrie im Sinne nationalsozialistischer Wirtschaftslenkung zusammen. Die Landfrauen mußten damit ihre lang erkämpfte organisatorische Eigenständigkeit aufgeben. Personell änderte sich dabei jedoch weder im Vorstand des Verbandes noch in den Vereinen viel. Die Landfrauenvereinigung hörte allerdings auf, als selbstbestimmte bäuerliche Berufs- und Interessenvertretung zu existieren, sondern sie diente von nun an der Stützung des neuen Regimes und der Einflußnahme auf die Bäuerinnen in seinem Sinne.

Aufruf an die Landfrauen!

Der Vorstand des Reichsverbandes landwirtschaftlicher Hausfrauenvereine hat in seiner Sitzung am 14. November beschlossen, folgenden Aufruf an die Landfrauen zu richten:

„In schwerster Schicksalsstunde der Deutschen Landwirtschaft fordert der Reichsverband L.H.V. seine Mitglieder auf, nicht mutlos zu werden, sondern sich mit aller Kraft in den Kampf der Landwirtschaft an der Seite der Männer und ihrer Organisationen zu stellen. Mag die Last auch noch so schwer sein, die heute auf den Schultern der Landfrau liegt, so soll sie doch den Mut nicht sinken lassen und das Vertrauen, daß der Kampf einstmals zum siegreichen Ende geführt werden muß, in den Familien hochhalten. Die Zukunft unseres Vaterlandes liegt in dem Schoße der Erde. Bis zum äußersten wollen wir festhalten an der Scholle, die man uns zu entreißen droht; denn es geht um Heimat und Vaterland, um die Deutsche Familie und die Zukunft von Kind und Kindeskindern.

Im Namen des Vorstandes:
gez. Gertrud von Bredow, Präsidentin.

(Gartenbau, Geflügelzucht und Haushalt Nr. 24, 15. 12. 1930, S. 185)

Die Landfrauen wurden immer wieder angehalten, die landwirtschaftlichen Krisen durch Leistungssteigerungen und Konsumverzicht im Haushalt bewältigen zu helfen. Seit Anfang der 30er Jahre wurden solche Aufrufe mehr und mehr ideologisch überfrachtet. Die landwirtschaftlichen Anliegen wurden mit national-konservativen politischen Intentionen verknüpft. Die geistige Nähe zur Blut-und-Boden-Ideologie der Nationalsozialisten war bald überdeutlich.

Die Landbevölkerung legte große Hoffnung in den Nationalsozialismus, durch den sie sich eine Überwindung der Agrarkrisen versprach. Dem Bauernstand sollte eine neue, bedeutende gesellschaftliche und kulturelle Position zukommen, galt er doch als „Keimzelle des gesunden Volkes".

Küchenrezepte

Alte Kochbücher oder Rezepte, heute oft als aufwendige Reprints neu aufgelegt, verleiten vielfach zu einer etwas verklärt-romantischen Rückschau auf „Omas Küche“, in der die „gute alte Zeit“ wieder auflebt. Viel mehr als in anderen Lebensbereichen der Vergangenheit suchen wir in Küche, Wohnung und Hausarbeit nach Althergebrachtem, nach Erinnerungen an Kindheit und Geborgenheit. Gleichzeitig hoffen wir in den Kochkünsten unserer Mütter und Großmütter längst vergessene Fähigkeiten und Kenntnisse der Speisenzubereitung neu zu entdecken, vermuten wir doch bei ihnen einen ursprünglicheren, redlicheren Umgang mit Nahrungsmitteln, der uns in der Zeit von Fast-food und Lebensmittelchemie verlorengegangen zu sein scheint.

All dies sind jedoch Wunschvorstellungen und Projektionen, denn die Kochrezepte selbst sind zunächst nur sehr nüchterne Zeitdukumente. Gerade auf der Suche nach Traditionellem wird man enttäuscht, denn Rezepte wurden immer dann schriftlich festgehalten, wenn die Hausfrau sich neue oder bisher unbekannte Zubereitungsarten merken wollte. Rezepte und Kochbücher sind vor allem Zeugnisse eines modernen und vielfältigen Haushaltes, der nicht mehr auf Empierie und Tradition beruhte, sondern auf fundiertem Fachwissen. Spätestens seit den Anfängen des 20. Jahrhunderts liegen ihnen ökotrophologische Kenntnisse zugrunde.

In den Kochbüchern und Rezeptsammlungen spiegelt sich jedoch immer ein Stück Zeit- und Sozialgeschichte wieder, denn die Art der Lebensmittelzubereitung war stets abhängig von gesellschaftlichen, wirtschaftlichen und sogar politischen Umständen. Sie unterlag Modeströmungen oder diente dem Sozialprestige von Haushalt und Hausfrau. An ihr läßt sich der jeweilige Stand der Lebensmitteltechnologie ebenso ablesen, wie die zeittypischen Vorstellungen von hausfraulichen Aufgaben und Tugenden.

In den Jahren des I. Weltkrieges und der darauf folgenden Krisenzeit der Weimarer Republik, in der der hauswirtschaftlichen Arbeit eine große volkswirtschaftliche Bedeutung beigemessen und die Haushaltstechnik ständig modernisiert wurde, zeugen Kochrezepte vom Wandel der Küchenarbeit, von der Bewältigung wirtschaftlicher Notlagen, von der zunehmenden Selbstversorgung aus Hof

und Garten und auch von der ernährungspolitischen Einflußnahme auf die Hausfrauen. Die Rezepte aus der Kriegszeit machen deutlich, auf welche Weise die Frauen gespart und die knappen Lebensmittel gestreckt haben. Kartoffeln und Mehl wurden überall zugesetzt um den Nährwert zu erhöhen und Fleischgerichte wurden mit Gelantine „verlängert". Auf dem Land lernten die Hausfrauen wieder, Erzeugnisse aus der eigenen Landwirtschaft zu verarbeiten, vor allem Käse und Butter zu bereiten. Magerkäse spielte dabei eine besondere Rolle, weil Magermilch nicht kontingentiert war und dem Landhaushalt in großen Mengen zur Verfügung stand, während Vollmilch der Zwangsbewirtschaftung unterlag. Magermilchkäse war während des Krieges ein beliebtes Tauschprodukt auf dem Schwarzmarkt.
Die Rezepte für den Landhaushalt aus den 20er Jahren zeugen zunächst von einer professionellen Küche, in der die Selbstversorgung aus dem Garten eine große Rolle spielte. Die Herausgeberinnen der Kochbücher und Rezeptsammlungen waren dem hauswirtschaftlichen Rationalisierungsgedanken und der Hausfrauenbewegung eng verbunden. Bei den Kochanleitungen wurden vor allem die neuesten Erkenntnisse der Ernährungs- und Gesundheitslehre berücksichtigt. Auch industriell gefertigte Lebensmittel und Küchenhilfen wurden eingesetzt, wie etwa Backpulver, Brühwürfel, Maggiwürze und Gelantine. Für die Zubereitung von Gartenfrüchten und Gemüse wurden jeweils mehrere Rezepte vorgestellt, um eine größere Vielfalt in die als eintönig geltende selbstversorgerische Bauernküche zu bringen. Sie sollten zu größerer Flexibilität anregen, ebenso wie die Vorschläge zum „Küchenzettel in den vier Jahreszeiten", der in keinem guten Kochbuch fehlen durfte. In den frühen 30er Jahren schlugen sich in den Rezeptsammlungen, die von Landfrauenvereinen und Landwirtschaftskammer veröffentlicht wurden, immer öfter Appelle an die volkswirtschaftliche Verantwortung der Hausfrauen nieder. Sparsame Gerichte mit billigen Zutaten wurden propagiert und vor allem sollte auf den Verzicht von Kolonialwaren und anderen ausländischen Lebensmitteln hingearbeitet werden, wie etwa bei der Verwendung von Graupen statt Reis.
Die im folgenden wiedergegebenen Rezepte sind im Originaltext, unter Beibehaltung alter Maß- und Mengeneinheiten abgedruckt.

Kriegsrezepte

Suppen

Kartoffelsuppe
1 Pfd. Kartoffeln, Suppengemüse, Salz, 2 Maggiwürfel, Petersilie, Pfeffer.
Die Kartoffeln werden geschält, das Suppengemüse geputzt und alles durch die Fleischmaschine gedreht. Man gibt den Brei gleich in kochendes Wasser, läßt 1 Std. kochen und schmeckt die Suppe mit den übrigen Zutaten ab.

Sauerampfersuppe
Sauerampfer, 1 $^1/_4$ l Wasser, 30 g Fett, 40 g Mehl, $^1/_8$ l Magermilch, 2 Maggiwürfel.
Ungefähr 2 handvoll Sauerampfer befreit man von den Stielen, wäscht ihn gut, kocht ihn in Salzwasser weich und schüttet ihn auf ein Sieb. Von Fett und Mehl bereitet man eine helle Mehlschwitze, gibt nach und nach die Brühe hinzu sowie den feingehackten Sauerampfer. Man löst die Maggiwürfel in der Suppe auf und schmeckt dieselbe mit etwas Milch und Salz ab.

Falsche Schokoladensuppe
1 $^1/_4$ l Magermilch, 80 g Mehl, Zimt, Salz, 1 gestoßene Nelke, 2 Eßl. Zucker.
Das trockene Mehl wird unter beständigem Rühren in der Pfanne kaffeebraun geröstet. Nachdem es abgekühlt, wird es mit $^1/_4$ l Milch glattgerührt und an die inzwischen aufgekochte Milch gegossen. Man läßt die Suppe noch drei Minuten kochen und schmeckt mit den Gewürzen ab. Die Suppe darf nicht lange stehen, da sie leicht gerinnt.

Fleischgerichte im Krieg

Schinkenbrot

500 g gekochter, fetter Schinken oder Pökelfleisch, 10 g Fett, 10 g Mehl, $^1/_8$ l Wasser, 3 Eßlöffel Milch, 6 Blatt weiße Gelantine.

Von Fett und Mehl bereitet man eine Mehlschwitze, gibt etwas Wasser hinzu, daß eine dickliche Soße entsteht. Der Schinken wird dreimal durch die Maschine gedreht und mit der Soße vermengt. Die Gelantine wird in wenig Wasser aufgelöst und durch ein Sieb hinzugefügt, die Masse gut verrührt, mit Salz abgeschmeckt und in eine glatte Form getan. Nach dem Steifwerden stürzen und in Scheiben geschnitten zu Bratkartoffeln, Kartoffelsalat oder Milchkartoffeln geben.

Kohlpudding

$^1/_2$ Kopf Weißkohl, Wasser, Salz, $^1/_2$ Pfd. Schweinehackfleisch, altes Weißbrot, 1 Eigelb, Salz, Pfeffer, Zwiebel.

Von dem Kohl entfernt man die welken Blätter, dann löst man die übrigen Blätter vorsichtig ab, entfernt den unteren Teil der dicken Rippe und läßt die Kohlblätter 5 Minuten in kochendem Salzwasser offen kochen und schüttet sie dann auf ein Sieb. Von Fleisch, Weißbrot, Salz, Pfeffer, Zwiebel, Eigelb stellt man einen Fleischkloßteig her. Eine Puddingform wird mit Fett ausgestrichen und Fleisch und Kohl lagenweise hineingedrückt. Unten und Oben muß Kohl sein. Die Form wird verschlossen und im Wasserbad $1^1/_2$ Std. gekocht. Den sich bildenden Saft gibt man vor dem Stürzen an die Soße.

Sülze

$^1/_2$ Pfd. Nackenfleisch, $^1/_2$ Pfd. Schwarten, Salz, Zwiebel, Pfeffer, Lorbeerblatt, Essig, $^1/_2$ l Wasser.

Das Fleisch wird mit kochendem Wasser und den Gewürzen aufgesetzt, sehr weich gekocht, dann in Würfel geschnitten oder durch die Maschine gegeben. Die Brühe wird mit Salz und Essig abgeschmeckt und durch ein Sieb auf das Fleisch gegossen. Am nächsten Tag kann die Sülze gestürzt und in Scheiben geschnitten zu Kartoffeln gereicht werden.

Zum Abendbrot

Falsches Rührei

3 Eier, $^1/_2$ l Milch, 50 g Mehl, Salz, 40 g Speck.

Eier, Wasser, Mehl und Salz werden zu einem glatten Teig verrührt. Der Speck wird in Würfel geschnitten und in der Pfanne gelb gebraten. Dann gießt man den Teig hinein und läßt die Masse unter Rühren abbacken. – Sehr gut zu Butterbrot.

Kochkäse

Käsereste, Butter, Kümmelkörner.

Trockengewordene Käsereste werden gerieben, mit derselben Menge Butter und einigen Kümmelkörnern zusammen gekocht und dann in eine Schüssel gegossen.

Kriegsgebäck

Kartoffel-Schwarzbrot

800 g grobes Roggenmehl, 300 g gekochte geriebene Kartoffeln, 100 g Kartoffelwalzmehl oder Stärkemehl, $^1/_2$ l Wasser, Salz, Sauerteig.

Sauerteig und Salz verrührt man gut in dem lauwarmen Wasser, gibt dann so viel Mehl dazu, daß ein dicklicher Brei entsteht, bestreut diesen mit etwas Mehl und stellt ihn zugedeckt bis zum nächsten Morgen an eine warme Stelle zum Gehen. Dann knetet man die Kartoffelzusätze hinein und das übrige Mehl, formt ein glattes Brot, läßt dieses noch einmal gehen und backt es bei starker Hitze 2 Stunden.

Biskuitplätzchen

1 Ei, 1 eischwer Zucker, 1 eischwer Kartoffelmehl, etwas Zitrone.

Eigelb und Zucker schaumig rühren, dann Eischnee und Kartoffelmehl hinzugetan. Mit dem Teelöffel setzt man kleine Häufchen auf ein Blech und bäckt die Kuchen bei rascher Hitze bräunlich.

(Frieda Lütkens, Kriegskochbuch, 1915)

Bereitung von holsteinischem Magerkäse

Ist die Magermilch völlig süß oder in der Meierei pasteurisiert worden, so muß derselben vor der Verkäsung Buttermilch bzw. saure Milch (oder Säurewecker), und zwar in der Menge von 5 - 6 % und außerdem eine für diesen Käse geeignete Reinkultur beigesetzt werden. Ist die Magermilch unpasteurisiert zurückgeliefert, so unterbleibt ersterer Zusatz besser, weil sie dann an und für sich schon sauer genug ist. Holsteiner Magerkäse ist ein Labkäse, die Milch muß infolge dessen, damit sie gerinnt, mit Lab versetzt werden. Dazu verwendet man entweder 20 gr. flüssiges oder 1–1 ½ gr. pulverförmiges Lab. Die Milch muß in der Zeit von 40 bis 60 Minuten gerinnen. Die gelantineartig geronnene Milch wird mit dem Käsesäbel in walnußgroße Stücke geschnitten und darauf mit dem Rührstock ausgerührt bis die Masse ungefähr Bohnengröße hat. Nach dem Ausrühren läßt man den Bruch absetzen, schöpft die Molke ab und läßt den Rest abfließen. Dem Bruche wird auf je 1 Kg der verkästen Milch 1 gr. Salz zugesetzt und das Salz mit dem Bruche gut vermengt. Schließlich wird dieser in Formen gebracht, welche mit einem Käsetuch ausgekleidet sind. Eine Pressung ist entweder gar nicht oder nur in ganz geringem Maße nötig, etwa indem man dem Käse den Deckel der Form auflegt. In den ersten 6 Stunden wird der Käse in der Form mehrmals gewendet, worauf er noch weitere 12 Stunden in dieser verweilt. Nach dem Herausnehmen aus der Presse wird der Käse noch einige Tage in Salzlake gelegt.

(Landwirtschaftliches Wochenblatt für Schleswig-Holstein 1916)

Leitsätze:

Beim Essen gründlich kauen! Nicht dabei trinken!

Besonders Brot, Hülsenfrüchte, Fleisch und Rohkost durchkauen!

Nur Altbackenes Brot essen!

Wenig Kochsalz, dafür die salzreichen Kochwässer!

Nichts abbrühen und auswässern!

Die Kartoffeln nicht schälen!

Die Rüben abschaben (nicht schälen)!

Alles zusammen in einem Topf kochen!

Hafer und Gerstenflocken sowie weiche Hülsenfrüchte nicht durchschlagen!

Die Knochen mehrmals für die Supppe zermalen und lange auskochen!

Ranziges Fett mit Soda oder Natron auskneten!

Dörrobst vor dem Backen und Kochen nur auslesen, nicht mit Wasser reinigen!

(Dr. Schlitz, Kriegsmerkbüchlein für Haus und Schule)

Rezepte der 1920er Jahre

Rezepte für warme Tage

Buttermilchkaltschale
$1\frac{1}{2}$ Liter Buttermilch. $\frac{1}{4}$ Liter Milch, 50 Gr. Zucker, 50 Gr. geriebenes Schwarzbrot, etwas geriebene Zitronenschale.
Zu dieser sehr erfrischenden Suppe lassen sich besonders gut Brotreste verwenden. Das Schwarzbrot wird gerieben, mit dem Zucker und der abgeriebenen Zitronenschale vermengt und mit der kochenden Milch übergossen. Nachdem man dies verdeckt hat, auskühlen lassen, dann die frische Buttermilch hinzu.

Frischer Quark als Süßspeise (Stippmilch)
500 Gr. Quark, 3–4 Eßlöffel süße Milch oder Sahne, 50 Gr. Zucker, $\frac{1}{2}$ Teelöffel Kanehl.
Der Quark wird durch ein feines Sieb gestrichen, mit der Milch oder Sahne schaumig gerührt und mit Zucker und Kanehl bestreut angerichtet. Man verändert ihn, indem man ihn mit frischen, eingezuckerten Früchten reicht, oder mit eingekochten, die man abtropfen läßt. Der Saft kann als Tunke dazugegeben werden.

(Gartenbau, Geflügelzucht und Haushalt v. 15. 5. 1928, S. 5)

Verwertung von Gartenfrüchten

Johannisbeeren im Haushalt

Johannisbeergelee läßt sich auf verschiedene Weise herstellen. Bewährt hat sich diese Art:

Man setze den roh ausgepreßten Saft aufs Feuer, gebe auf je 1 Pfund Saft 1 Pfund feinen Zucker langsam unter stetem Rühren hinein. Sobald der Saft aufkocht, nehme man ihn vom Feuer, entferne nach etwa 30 Minuten die Haut , die sich gebildet hat und fülle dann den Saft in Gläser. Nach 48 stündigem Stehen wird das Gelee mit Salizylpapier bedeckt und die Gläser verschlossen.

Zu Johannisbeermus werden die abgestielten Beeren gewaschen und mit Zucker (250 Gramm auf 500 Gramm Beeren) aufs Feuer gestellt. Man läßt die Mischung kochen, bis sie Blasen wirft und in Tropfen vom Löffel fließt.

Johannisbeerkompott erfordert völlig reife Beeren, die entstielt und gewaschen werden. Man lasse Zucker (250 Gramm auf 1 Pfund Beeren) zu dickem, klarem Syrup kochen, schütte die Beeren hinein und lasse sie 5 Minuten aufkochen. Dann gieße man den Saft durch ein Sieb ab, koche ihn kurz ein und gieße ihn wieder kochend über die Beeren. Dieses Kompott kann gut in geschlossenen Gläsern aufbewahrt werden.

(Landwirtschaftliches Wochenblatt 1930)

Stachelbeercreme

1 Pfd. Stachelbeeren kocht man mit $^1/_5$ Liter Wasser weich, reibt die Masse durch ein Sieb, gibt 300 gr Zucker, 4 Eigelb, Saft und Schale einer Zitrone hinzu und schlägt es bis zum Kochen. Dann 100 gr Gelantine dazu und, wenn erkaltet, wird noch ein halber Liter Schlagrahm darunter gerührt.

Rosa Stachelbeerspeise:

Kompott gekocht wie oben. Auf je ein Liter zwölf Blatt Gelantine, die man in einem Glas Weißwein auflöste (drei Blatt davon rote Gelantine). Alles durch ein Sieb streichen, in Puddingform bis zum nächsten Tag stehenlassen, an sehr kühlem Ort. Mit wenig Schlagrahm oder auch Vanillesauce servieren.

(Gartenbau, Geflügelzucht und Haushalt, 1. 8. 1928)

Die Quitte im Haushalt:
Reife, schöne Quitten werden geschält, in 6 oder 8 gleichmäßige Stücke geteilt, vom Kernhaus befreit und sofort in frisches Wasser gelegt, damit sie nicht verfärben. Man bringt den geschälten Vorrat dann zugleich in kochendes Wasser und läßt ihn einige Male aufwallen. Nachdem man die Flüssigkeit durch ein Sieb abtropfen läßt, koche man die Quitten mit der gleichen Gewichtsmenge Zucker weich, lege sie in das zum Aufbewahren bestimmte Stein- oder Glasgefäß, dicke den Saft weiter ein und gieße ihn lauwarm über die Quitten. Dann verschließe man die Gläser fest mit einer der im Handel befindlichen Zellhäute.
Zu Quittengelee werden ungeschälte Früchte, die man mit einem Tuch abgerieben hat, zerschnitten, ohne daß man das Kerngehäuse entfernt. Die Masse wird mit so viel Wasser, daß es gerade über den Früchten steht, ohne Umrühren weichgekocht. Den Saft lasse man durch ein Tuch ablaufen und koche ihn mit Zucker ein, bis er geliert. Auf einen Liter Saft rechnet man 1 Pfund Zucker.
Reine Quittenmarmelade erfordert reife, mürbe Früchte, die von Blüte und Stiel befreit und gewaschen werden. Dann koche man sie mit Wasser, Nelken und Zimt etwa 60 Minuten, zerdrücke sie und treibe sie durch ein Sieb. Der Brei wird mit geläutertem Zucker (250 Gramm auf 1 Pfund Früchte) zu Marmelade eingedickt.

(Gartenbau, Geflügelzucht und Haushalt)

Frühgemüse

Gemüsesuppe für 4 Personen
120 g junges, verschiedenes Gemüse (Möhren, Kohlrabi in feine Streifen schneiden) wird in 30 g Fett gedünstet, etwas Mehl darüber gestreut und mit 1 1/2 Ltr. Brühe aufgefüllt. Kochzeit 20 Minuten.

Spinatpudding für 4 Personen
3 Pfd. Spinat werden gewaschen, 10 Min. gedünstet und dann zerkleinert. 3 eingeweichte Brötchen, 30 g Butter, 3 Eigelb, eine kleine gedünstet Zwiebel werden mit dem Spinat gut verrührt, mit Salz und etwas geriebenen Käse abgeschmeckt. Zuletzt fügt man den Eischnee der drei Eier hinzu. Kochzeit 1 Std. Man reicht eine Herings- oder Sardellentunke dazu.

Leipziger Allerlei für 4 Personen
1/2 Pfd. Spargel, 1/2 Pfd. Erbsen, 1/2 Pfd. Kohlrabi, 1/2 Pfd. Mohrrüben, 1/2 Ltr. Wasser, 20 g Mehl, 50 g Butter, etwas geriebene Petersilie.
Das sauber vorbereitete Gemüse wird weichgekocht, indem man das Gemüse, das am längsten Zeit braucht, zuerst in den Topf gibt und nach und nach die anderen hinzufügt nebst einem Teil Butter und Salz. Das Mehl rührt man mit kaltem Wasser an und gibt es an das Gemüse. Man läßt es mit dem Gemüse einige Minuten durchkochen.

(Landwirtschaftliches Wochenblatt
für Schleswig-Holstein 1930, S. 450)

Milchgemüseschnitzel

Man nimmt junge Bohnen, Karotten, Schoten, Kohlrabi, etwas Salat und Spinat, schneidet die Gemüse nudelartig fein, schmort sie mit kleingeschnittenen Zwiebeln in Butter durch und läßt die Gemüsemasse abkühlen. Man gibt 2 Eier, Semmelkrumen, Salz und gehackte Petersilie dazu und bereitet einen Teig daraus, aus dem man Schnitzel formt, die in Reibebrot gewendet, in Butter gebraten werden.

Sie werden in eine heiße Schüssel gelegt. In die heiße Butter rührt man zwei Löffel Mehl, gibt so viel Vollmilch hinzu, daß eine gebundene Tunke entsteht, rührt zuletzt einem halben Löffel Maggiwürze darunter. Die Tunke wird über die Schnitzel gegeben und darum ein Rand von heißem Kartoffelbrei gelegt. Grüner Salat wird zu diesem guten Gemüsegericht gereicht.

(Gartenbau, Geflügelzucht und Haushalt, 15. 8. 1928)

Rezepte für Gelantinespeisen

Schüssel mit Eiern und Spargeln

4 Eier, ½ Pfund Spargelstangen, 8 Blatt Gelantine, Essig und Salz.
5 cm lange, mittelstarke Spargelstücke werden in Salzwasser knapp weich gekocht. Die Brühe wird abgegossen und Essig und die aufgelöste Gelantine hinzu getan. Der Boden einer großen Glasschüssel wird 1–2 cm hoch damit bedeckt. Nachdem diese Lage etwas erstarrt ist, werden 8 halbe, in der Höhe durchgeschnittene Eier rundherum gesetzt, die Spargelstücke die vorher mit Zitronensaft betreufelt wurden, dazwischengeschichtet und dann der Rest des Gelees vorsichtig, am besten mit dem Löffel darüber gegossen.

Gemüserand mit beliebigem Salat.

Karotten, Erbsen, Bohnen, Spargel, Morcheln, eventuell Gemüsereste aller Art, Sülze.
Die vorbereiteten und weich gekochten Gemüse, evt. Gemüsereste aller Art, werden geschmackvoll in eine Randform geordnet, dann mit Sülze übergossen. Nach dem Erstarren stürzt man die Form. In die Mitte des Randes kann man beliebigen Salat ordnen.

(Geflügelzucht, Gartenbau und Haushalt 1928, S. 23)

Einige Buttermilch-, Sauermilch- und Quarkrezepte

Buttermilchpfannküchlein

Aus 100 Gramm Mondamin rührt man mit $^3/_4$ Liter frischer Buttermilch einen glatten Teig, den man leicht salzt und zuckert und mit Zimt oder abgeriebener Zitronenschale würzt. Man quirlt drei Eigelb durch, gibt ein halbes Paket Backpulver daran und durchzieht den Teig zuletzt mit dem steifen Schee des Eiweiß. Kleine Küchlein werden mit Pfett in der Pfanne von beiden Seiten lichtbraun gebacken, die man mit Zucker beim Auftragen bestreut und zu geschmortem beliebigen Obst reicht.

Gestockte Creme von Sauermilch

Mit einhalb Liter gut verquirlter dicker Sauermilch verrührt man 20 Gramm Mondamin, gibt 5 verquirlte Eier, 125 Gramm Zucker und etwas gestoßene Vanille daran, gibt dies in eine feuerfeste Glasschüssel und stellt sie so lange in kochendes Wasser, bis die Creme gestockt ist. Sie wird nach dem Erkalten gestürzt, mit Schlagsahne überzogen und mit Löffelbisquits umgeben.

Eierkuchen mit Quarkfülle und Kirschtunke

Bevor man mit dem Backen der Eierkuchen beginnt, muß man die Quarkfülle bereiten sowie die Kirschtunke. Für die Fülle schmort man 150 Gramm entsteinte Kirschen in Zuckersaft und läßt sie abtropfen und abkühlen, sie kommen dann unter 250 Gramm durchgestrichenen frischen Quark, dem man noch ein Eigelb, 50 Gramm Vanillezucker und zuletzt den steifen Schnee des Eiweißes zusetzt. Zur Tunke werden Sauerkirschen im abgetropften Saft der Kirschen, die man zum Quark nahm, ganz weich gekocht, durchgestrichen, wenn nötig noch etwas gesüßt und mit Mondamin bündig gekocht. Man bäckt auf bekannte Art dünne Eierkuchen, rollt in jeden Eierkuchen einen Eßlöffel voll der Quarkfülle, legt die aufgerollten Eierkuchen in eine gut gefettete Pfanne und läßt sie unter einem Deckel unter einmaligem Umwenden durch und durch heiß werden. Sie kommen auf eine erwärmten Schüssel nebeneinander und werden mit Kirschtunke überfüllt.

Quarkschnitten mit Tomatentunke

An 500 Gramm durchgerührten frischen Quark gibt man etwas Salz, gestoßenen Kümmel, ein Löffel Milch, ein Ei und soviel Semmelkrumen, daß man von dem Quarkteig eine dicke Rolle formen kann, die man in dicke Scheiben schneidet. Die Quarkschnitten werden in Ei und Semmelkrumen gedreht und in Fett lichtbraun gebraten. 500 Gramm feingeschnittene reife Tomaten müssen mit einem Stückchen Butter in ein viertel Liter Brühe, die aus einem Maggi-Fleischwürfel bereitet wird, garkochen, worauf man sie durchstreicht und mit etwas Mondamin zu gebundener Tunke kocht. Die Quarkschnitten werden mit dieser Tunke überfüllt und mit kleinen gerösteten Kartoffeln umgeben. Vollwertiges Mittagsgericht.

(Landwirtschaftliches Wochenblatt 1927, S. 994)

Sonntagsgerichte

Wildleber auf Jägerart

Wildleber, Butter oder Speck, Zwiebel, Mehl, Lorbeerblatt, Senf, Paprika, Gewürz, Salz, Essig, Zucker, Zitronenscheibe.

Man brüht und häutet die Leber und schneidet sie in vier, etwa 3 cm große Würfel. Das Fett läßt man braun werden und röstet unter ständigem Rühren die Leber darin, bis alle Flüssigkeit verdampft ist, tut die in feine Würfel geschnittene Zwiebel daran, die man darin gelb braten läßt. Dann staubt man einen Löffel Mehl darüber, rührt es damit noch einige Zeit um und gießt soviel Wasser dazu, daß die Leber bedeckt ist. Dann: eine Paprika, ein Löffel Senf, etwas feines Gewürz, 1 Lorbeerblatt, nach Geschmack Essig und Zucker, 2 Zironenscheiben. Die Leber wird nun darin geschmort, bis die Tunke kurz eingeschmort ist ($^1/_2$ Std.). Man gibt Boullionreis und Bratkartoffeln dazu.

Gespickter Hecht

1 großer Hecht, Butter, Speck, Parmesankäse, Salz, Wein, Zitrone, Kapern, Eigelb, 1 Zwiebel mit 2 Nelken gespickt.

Der Hecht wird geschuppt, gereinigt und dann gebrüht und abgezogen. Dann wird er gespickt, gesalzen und mit geriebenem Parmesankäse überstreut, in braune Butter gelegt und im heißen Ofen gebraten. Erst gibt man etwas Wasser nach, hernach etwas Wein. Die Zitrone und die Zwiebel läßt man mitbraten. Die Tunke zieht man mit Eigelb ab und schmeckt mit Salz, Kapern und etwas Fleischextrakt ab.

(Gartenbau, Geflügelzucht und Haushalt v. 15. 2. 1929, S. 31)

Eintopfgerichte

Rezepte für 4 Personen

„Blindhuhn"

1/2 Pfund weiße Bohnen, 1/2 Pfund Speck, Wasser, 1 Pfund grüne Bohnen, 1/2 Pfund Wurzeln, 1/2 Pfund Kartoffeln, 1/4 Pfund Äpfel, Salz.

Die am Vorabend eingeweichte Bohnen und der Speck werden mit genügend Wasser aufgesetzt (Einweichwasser benutzen). Bevor die Bohnen gar sind, werden die geschnittenen Wurzeln und die grünen Bohnen und etwas später die geschnittenen Kartoffeln und die Äpfel dazu gegeben. Der Speck wird in größere Würfel geschnitten und das Gericht mit Salz abgeschmeckt.

Pichelsteiner Fleisch

1 Pfd. Rindfleisch, 1 Pfd. Kartoffeln, 1 Pfd. Wurzeln, 3/4 Pfd. Sellerie, Petersilienwurzel, 50 g Butter, 1 Zwiebel, Mehl zum Binden, Salz und gehackte Petersilie.

Rindfleisch, Gemüse und Kartoffeln werden in Würfel geschnitten. In einem Topf dünstet man Zwiebeln in der Butter an und gibt schichtweise alle Zutaten dazu, salzt, übergießt mit heißem Wasser und kocht das Gericht geschlossen etwa 1 Stunde. Die Flüssigkeit wird mit etwas Mehl gebunden. Zum Schluß gibt man gehackte Petersile dazu.

Wirsing mit gehacktem Rind- und Schweinefleisch und Kartoffeln

3/4 Pfd. gehacktes Rindfleisch, 1/4 Pfd. geh. Schweinefleisch, 2 Pfd. Wirsing, 2 Pfd. Kartoffeln, 50 g Butter, 1 Zwiebel, Pfeffer, Salz.

Man läßt die Butter mit der fein geschnittenen Zwiebel hellbraun werden, gibt das Fleisch, etwas Salz und eine Prise Pfeffer hinein, rührt gut um. Darauf gibt man die gewaschenen, zerkleinerten Kohlblätter dazu und gießt heiße Brühe darüber. Nun schichtet man die roh in Scheiben geschnittenen Kartoffeln darauf, streut Salz dazwischen und deckt den Topf gut zu. Man läßt das Gericht 1–2 Stunden langsam kochen und gießt von Zeit zu Zeit , wenn nötig, etwas Flüssigkeit nach. Vor dem Anrichten wird alles gut durchgerührt und noch einmal abgeschmeckt.

(Gartenbau, Geflügelzucht und Haushalt 1933, S. 143)

Salate

„Saure Sahne und Salate“ (v. H. Hansen, Itzehoe)

Die neuzeitliche Ernährungswissenschaft verlangt immer wieder, dem Körper Vitamine zuzuführen; Butter und Sahne sind demnach unsere gesundesten Fette. ... Die Tunke von Rinderbraten, Fleischrollen und Goulasch wird durch Zusatz von saurer Sahne in Bezug auf Geschmack und Nährwert wesentlich verbessert. ... Ein Salat ohne Sahne ist in der besseren Küche undenkbar. Gute Sahne gehört zum ständigen Vorrat.
Die Vitamine entwickeln sich unter dem Einfluß des Sonnenlichtes, so ist Pflücksalat vitaminreicher als Kopfsalat, dessen helle Herzblätter nicht von den Sonnenstrahlen getroffen werden. In Norddeutschland wenig bekannt sind die verschiedenen Küchenkräuter: Kölle, auch Bohnen- oder Pfefferkraut genannt, Borretsch (Gurkenkraut oder Rauhblatt), junge Dillblätter, Pimpinelle. Die Blätter der Kräuter sind vitaminreich und geben feingehackt den Salaten einen würzigen Geschmack. Dasselbe gilt von den feingeschnittenen Röhren des Schalotten- und Zwiebelgrüns. Tomaten eignen sich wegen ihrer schönen Farbe vorzüglich zum Garnieren sämtlicher Salate und sind wegen ihres Vitamingehaltes besondes geschätzt.

Grüner Salat
Der gut vorbereitete Salat wird zunächst mit 2 Eßlöffel Speiseöl, danach mit einer Tunke aus nachstehenden Zutaten vermischt. $^1/_8$ l saure Sahne, 1 Eßlöffel Weinessig (besser Zitronensaft) 1 Eßlöffel Zucker, etwas Salz, Pfeffer oder geriebenen Ingwer, 12 Röhren Schalottengrün, je 6 Blätter Borretsch, Dill und Pimpinelle.

Gurkensalat
Die feingehobelten Gurken vermischt man mit einer Tunke aus $^1/_8$ l Sahne, 1 Eßlöffel Öl, 1 Eßlöffel Weinessig, 1 Teelöffel Zucker, etwas Pfeffer und Salz, Petersilie, Dill, Borretsch, Schalottengrün.

Bohnensalat
Zu den weichen Bohnen nimmt man die gleichen Zutaten, doch läßt man Dill und Gurkenkraut fort und nimmt dafür etwas Bohnenkraut.

Tomatensalat

Die reifen Tomaten werden mit einem sehr scharfen Messer in Scheiben geschnitten und gleich in die Salatschüssel gelegt. Ist der Boden bedeckt, füllt man etwas Majonaise darüber, daß die Tomaten gut damit durchziehen. Man füllt schichtweise weiter, die oberste Schicht muß Majonaise sein. Tomatemsalat soll nicht gerührt weden, damit das Gericht nicht unansehnlich wird.

Einfacher richtet man Tomatensalat an, indem man auf jede Schicht Tomaten wenig Salz, gemahlenen Pfeffer, feingeschnittene Schalotten streut und einige Tropfen Essig oder Zitronensaft darüber gießt.

(Gartenbau, Geflügelzucht und Haushalt, 15. 7. 1929, S. 110)

Sparsame Backrezepte

Falsche Mandeltorte
250 gr. Haferflocken läßt man durch die Fleischmaschine gehen, dann 4–6 Eidotter mit 150–200 gr Zucker schaumig rühren, etwas geriebene Zitronenschale und den Saft einer ganzen Zitrone sowie löffelweise die Haferflocken dazu tun. Der Teig muß immer tüchtig geschlagen werden (mit der Schlagrute) damit recht viel Luft dazu kommt. Zuletzt 2–3 Eßlöffel geriebene Mandeln sowie die Eier dazu $^1/_2$ Paket Backpulver.
Mit Schlagrahm gefüllt schmeckt die Torte am besten.

Billiger Mockacrem als Tortenfüllung
Gut 2 wallnußgroße Stücke Palmin mit 2 Eßlöffel Mehl schwitzen, nach und nach mit starkem Kaffee (Extrakt) auffüllen, bis erkaltet ein dicker Pudding entsteht. $^1/_8$ Pfd. Butter zur Salbe rühren, ein Eigelb sowie Zucker nach Geschmack dazu tun. Zu dieser letzten Masse löffelweise den abgekühlten Kaffeepudding rühren.

Quarksemmel
1 Pfd. Mehl, 1 Pfd. Quark, 1 Ei, etwas Salz und Zucker, 2 Pakete Backpulver. Zubereitung: Quark über Nacht gut abtropfen lassen, dann alles gut untereinander mischen und Semmel daraus formen.

Frau E. Kähler, Klein Niendorf
(Gartenbau, Geflügelzucht und Haushalt v. 1. 12. 1931)

Neue billige Hühnergerichte

Huhn in Kohlrouladen für 10 Personen

Ein Suppenhuhn, 1/2 Pfd. Reis, ein Kopf Weißkohl, Suppenkraut

Das Huhn wird mit dem Suppenkraut und so viel Wasser, wie für 10 Personen Brühe gebraucht wird, 3 Stunden gekocht, nebenbei wird 1/2 Pfd. Reis dick gekocht und zur Fleischbrühe als Einlage genommen. Die Kohlblätter werden vorsichtig gelöst, in heißem Wasser einmal aufgewellt, damit sie nicht brüchig sind. Dann wird das Fleisch von den Knochen getrennt, durch die Hackmaschine getrieben und mit einem Ei, vier eingeweichten und wieder ausgedrückten alten Weißbrötchen, etwas Salz und Pfeffer vermischt und auf die Kohlblätter verteilt. Diese werden zusammengerollt und mit Fäden umwickelt. In einem Topf mit etwas Butter oder Fett werden die Rouladen dicht nebeneinander gelegt, mit etwas Mehl bestäubt und eine Stunde geschmort.

Huhn wie Auerhahn.

Ein sauber gerupftes, gesengtes und ausgenommenes altes Huhn wird mit einer Handvoll Tannennadeln und 3 zerkleinerten Wacholderbeeren innen und außen tüchtig eingerieben und einige Tage liegen gelassen. Nun wird eine Marinade wie folgt bereitet: 1/2 Flasche Kochrotwein oder Apfelwein wird mit etwas Wasser verdünnt und mit 3 Wacholderbeeren, 2 Stänglein Majoran, einem kleinen Stück Lorbeerblatt 10 Pfefferkörnern, 10 Gewürzkörner, 1 Stange Porree, 1 Stück Selleriewurzel, 1 Stück Petersilienwurzel mehrmals aufgekocht und kochend durch ein Sieb auf die gewaschene Henne gegossen, die man ungefähr fünf Minuten darin liegen läßt. Dann nimmt man das Huhn heraus, läßt die Marinade kalt werden, tut das Huhn wieder hinein und läßt es je nach der Jahreszeit 3–6 Tage darin liegen. Das Huhn wird mit Speck schön braun gebraten, gesalzen und unter Zugabe der Marinade fertig geschmort. Die Soße wird mit frischem Wein und etwas Mehl sämig gemacht.

Aus „Das billige Hühnergericht" Preis 1,50 Mk.,
Fritz Pfennigstorff, Berlin-W 57
(Gartenbau, Geflügelzucht und Haushalt v. 15. 4. 1932)

Warum Reis, wenn's Graupen auch tun?

Wissen Sie, daß jährlich für 65 Millionen RM Reis eingeführt werden? Während Erzeugnisse unserer Mühlenindustrie (Graupen, Gries u. a.) nicht abgesetzt werden können! Sorgen Sie dafür, verehrte Hausfrau, daß zuerst heimische Erzeugnisse verwendet werden! Reis aber meint man nicht ersetzen zu können. Versuchen Sie folgende Rezepte, dann können Sie es!

Grundrezept a

Graupen zu Auflauf etc. zu kochen. $^1/_2$ Pfund mittelfeine Perlgraupen waschen, im Wasserbad wie Reis mit Fleischbrühe oder Hühnerbrühe andünsten und ab und zu mit einer Gabel umrühren.

Graupenauflauf mit Tomaten

$^1/_2$ Pfd. Perlgraupen, etwa 1 Liter Brühe, Salz, je 1 Eßlöffel geriebene Petersilienwurzel und Sellerie, 1 Teelöffel in Butter brau gebratene Zwiebelstückchen, 6 gehäufte Eßlöffel dickes Tomatenmark, eine Prise Majoran und Basilikum, zum Bestreuen Weckmehl und Käse, brauner Rahm, Butterflöckchen. Reichlich fette Zutaten zum Bedecken, da die Masse beim Backen gut aufzieht. Wie oben die Graupen kochen, Tomatenmark usw. damit mischen, eine Backform buttern, die Masse einfüllen, Backschicht darauf, $^1/_2$ Std. backen. Braten- oder Tomatentunke und beliebigen Salat dazu.

Schüsselgericht von Graupen

Eierpfannkuchen, Gemüse. Graupen wie zu 1, aber halbes Rezept kochen. Drei Eierpfannkuchen, 1 Pfd. Gemüse (junge Erbsen, Leipziger Allerlei oder kleine Pilze) in 80 g Butter gardämpfen. Auf erhitzter Platte 1 Eierpfannkuchen legen, darauf Tomatengraupen und Gemüse, in fingerdicken Lagen, wieder Eierkuchen, bis alles verbraucht ist und ein solcher den Deckel bildet. In Tortenschnitten schneiden und Pilz- oder andere Tunke dazu reichen.

Süße Graupenrezepte

Grundrezept b
$^{1}/_{2}$ Pfund mittelfeine Graupen, 1 Liter Vollmilch, ein wenig Salz, 3 gehäufte Eßlöffel Zucker, 1 Päckchen Vanillin 2 Eßlöffel Kirschrosinen (von weißen Knorpelkirschen gedörrt) im Wasserbad wie Grundrezept a) kochen, dann Rosinen und Vanillin dazu.

Süßer Auflauf
$^{1}/_{4}$ Pfund Graupen mit etwa $^{1}/_{2}$ Liter Milch, Zucker und Vanille im Wasserbad garkochen, erkalten lassen, drei Eigelb mit etwas Zucker schaumig rühren, die Graupen dazu, den steifen Eischnee, in gebutterte Form füllen, eine Schicht Sauerkirschkompott dazwischen, geriebene Haselkerne und Butterflöckchen darauf (letztere in Zucker drehen) und eine halbe Stunde backen."

(Gartenbau, Geflügelzucht und Haushalt v. 15. 1. 1932)

Küchenzettel in den vier Jahreszeiten

Frühjahr:

Sonntag	Tomatensuppe, Schmorsauerbraten, gestobte Bohnen, Salzkartoffeln, Tunke, Apfelmost
Montag	Großer Fettkloß mit Rhabarbersoße, Salzkartoffeln, Rauchfleisch, Tunke
Dienstag	Saftsuppe mit Grießflammerie, gebratene Schollen, Tunke, Salzkartoffeln
Mittwoch	Gebratene saure Rippen, gestobte Rüben, Salzkartoffeln, Tunke
Donnerstag	Buttermilchsuppe mit Klößen, Auflauf von Makaroni und Schinken, Salzkartoffeln, Tomatentunke
Freitag	Mettwurstsuppe, Markklöße, Salzkartoffeln, Reis
Sonnabend	Kartoffelbrei und Schweinepfoten, Erbsen, Sagosuppe

Sommer:

Sonntag	Tomatensuppe; Putenbraten, Salzkartoffeln, gestobte Erbsen; eingeweckte Birnen
Montag	Putenfleisch (Reste vom Sonntag) und Gemüse, Art Pichelsteiner Topf; Rote Grütze und Milch
Dienstag	Fleischbrühensuppe, Sauerbraten, Soße, Salzkartoffeln
Mittwoch	Kohlsuppe; Weißkohl, Salzkartoffeln, Milchtunke, Bratenfleisch
Donnerstag	Johannisbeersuppe mit Grießflammerie; geschmorter Sauerbraten, gestobte Wurzeln und Kohlrabi, Tunke, Salzkartoffeln
Freitag	Kalter Sauerbraten, Wachsbohnen, Tunke; Grütze und Milch
Sonnabend	Große Bohnensuppe mit Wurzeln, Salzkartoffeln, Speck

Herbst:

Sonntag	Tomatensuppe; Enten- und Hähnchenbraten, Blumenkohl, Salzkartoffeln, Tunke
Montag	Fliederbeersuppe mit Reismehlklößen; saure Karbonadenstücke gebraten, Tunke, Salzkartoffeln
Dienstag	Tomatensuppe und Geflügelknochenbrühe (Reste vom Sonntag), Reis; gebratene Leberpastete, gestobte Bohnen, Salzkartoffeln, Tunke, Apfelmus
Mittwoch	Knochenbrühe mit ausgepahlten weißen Bohnen, Fleisch; Apfelpflaumenkompott
Donnerstag	Selleriesuppe, Hähnchen und Entenbraten, gestobte Bohnen, Salzkartoffeln, Tunke
Freitag	Fliederbeersuppe mit Klößen; Karbonade, Tunke, Salzkartoffeln
Sonnabend	Apfelsuppe; Gebratene Leberpastete, Erbsen, Salzkartoffeln, Tunke

Winter:

Sonntag	Ochsenschwanzsuppe; Rinderbraten, Rosenkohl, Salzkartoffeln, Tunke
Montag	Kohlsuppe; Weißkohl, Hessenfleisch, Kartoffeln, Tunke
Dienstag	Fleischbrühensuppe; Leberpastete, Salzkartoffel, Tunke, gestobte Bohnen
Mittwoch	Fliederbeersuppe; falschen Hasen, Rotkohl, Salzkartoffeln, Tunke
Donnerstag	Grühkohl, Schweinebraten, Salzkartoffeln, Milchtunke, Apfelmus
Freitag	Tomatensuppe; Rumpsteak, Rotkohl, Salzkartoffeln, Tunke
Sonnabend	Bohnensuppe, Fleisch; Apfelpudding mit Vanillesoße

(Lehrlingsmerkbuch der A. M. Magens, 1933)

Abbildungsverzeichnis

Weiterführende Literatur zum Thema

HEBENSTREIT-MÜLLER, Sabine; HELBRECHT-JORDAN, Ingrid (Hg.)
Frauenleben in ländlichen Regionen. Individuelle und strukturelle Wandlungsprozesse in der weiblichen Lebenswelt, Bielefeld 1990

INHETVEEN, Heide u. BLASCHE, Margret
Frauen in der kleinbäuerlichen Landwirtschaft, Opladen 1983

MAJEWSKI, Rut; WALTHER, Dorothea
Landfrauenalltag in Schleswig-Holstein, Neumünster 1996

SCHWARZ, Christina
Die Landfrauenbewegung in Deutschland, Mainz 1990

TILLMANN, Doris
Der Landfrauenberuf, Der Wandel bäuerlicher Frauenarbeit und die Entstehung landfraulicher Bildungsstätten und Berufsorganisationen in Schleswig-Holstein zwischen 1900 und 1933, Neumünster 1997

WEBER-KELLERMANN, Ingeborg
Landleben im 19. Jahrhundert, München 1987

WERKMEISTER, Johanna (Hg.)
Land-Frauen-Alltag. Hundert Jahre Lebends- und Arbeitsbedingungen der Frauen im ländlichen Raum, Marburg 1989